7 Agility Skills for Career Growth

職場 複利學

瑞米———著

500強企業主管的職場必備七大敏銳度，
沒有前輩教也能快速成長

職場複利式成長的關鍵 ——
學習敏銳度

　　學習敏銳度，是指一個人從經驗中學習的願望和能力，以及最終將學到的東西成功地應用於新的、陌生的環境的能力。如果具備學習敏銳度，一個人就能將自己所具備的知識、智慧及經驗轉化為新情境或不斷變化的環境下的績效，也就是成長的潛力。學習敏銳度代表成長的加速度，代表一個人反覆調整的能力。

　　學習敏銳度主要是衡量潛力、適應性和發展性的指標，而不是衡量智力的指標。如果具備學習敏銳度，一個人就能將自己所具備的知識、智慧、經驗轉化為新情境或者不斷變化的環境下的績效，也就是潛力。因此，學習敏銳度高的人在進入新環境、面對變化時，或者在得到提升、轉到新的有挑戰的職位時，比起其他人更容易成功。具有良好學習敏銳度的人善於在職場中累積可遷移的技能和經驗，能觸類旁通、舉一反三。這些人既能從過去的經驗中迅速總結出對未來發展有價值的規律和解決方案，又能不拘泥於既有經驗，

不斷地根據新環境、新變化調整自身的思考模式和解決問題的思路，進而實現「持續累積」的複利式個人成長。

　　公司的 HR 在判斷人才潛力時，非常看重學習敏銳度。我曾經在公司的培訓體系中認識了光輝國際（Korn Ferry）＊提出的學習敏銳度的五個要素，並進行了相關的文獻檢索和學習。後來我在多年的個人職業發展和指導他人職業發展的過程中，針對成長的不同層面，對學習敏銳度的概念和範圍進行了升級和反覆調整，並提出了用七個維度展現一個人的學習敏銳度（見圖 0-1）。

> ▶ 自我認知敏銳度（Self-awareness Agility）：一個人能夠洞察自我，清楚地瞭解自身的優勢和劣勢，清除盲點，並利用這些資訊高效工作的程度。

> ▶ 心智敏銳度（Mental Agility）：站在不同的角度思考問題，從容面對複雜和不明確的事態，並向他人闡明自身觀點的能力。

> ▶ 人際敏銳度（People Agility）：指具有良好的自我認知，從經驗中學習，建設性地、調整性地對待他人，並且在不斷變化的壓力下保持冷靜、具有適應性的能力。

> ▶ 目標敏銳度（Objective/Target Agility）：在變化的環境下依然

＊光輝國際：知名管理諮詢和獵頭公司，1969 年成立於美國。

能明確和堅持目標，激勵自己和周圍人超常表現，並表現出可以使任何模糊目標清晰化、分解化的能力。

▶ **變革敏銳度（Change Agility）**：對事物有著好奇心，對新鮮的想法富有激情，願意嘗試有待檢驗的事情，並致力於引導變革和創新解決方案的活動的能力。

▶ **結果敏銳度（Result Agility）**：在困境下能持續獲得有效結果，激勵團隊超常表現，並能透過表現出對他人的激勵和信任以引導團隊達成結果的能力。

▶ **幸福敏銳度（Happiness Agility）**：一個人能從日常工作和生活中穩定地體驗到價值、幸福感、成就與掌控感的能力。

圖 0-1 學習敏銳度

站在心理學角度會發現，人的一生其實一直在處理兩類關係：

第一類是與自我的關係，包括如何看待自我，如何學習與成長等等。

第二類是與環境的關係，包括如何看待環境（人、物、條件），如何適應與協同，讓效益和結果最大化。

在學習敏銳度的七個維度中，第一、二、七個維度與「與自己的關係」有關，第三、四、五、六個維度則與「與環境的關係」有關。

這裡要強調的是，學習敏銳度和我們通常講的勝任力不同。比如，學習敏銳度中的結果敏銳度和通常意義上的結果導向並不是同一件事。學習敏銳度的要點在於從經驗中拓展、獲得新能力的能力。其中，結果敏銳度是指你是否把學到的技能用於新的環境並達成結果，而非指在熟悉且既定的環境下持續產生業績。學習敏銳度不高的人在舊環境下仍然可以出業績、有結果，但很可能換個環境就不行了。

這七個維度中，幸福敏銳度是一個非常深刻、值得用一生探尋的方向，它最重要也最抽象，我將它放在本書的最後一章，也會結合心理學的知識和工具幫助大家把這個抽象的議題更實體化。而其他的六個維度，則與我們的職業發展密切相關，我把它們放在本書的第一至六章闡述。

在書中，我結合自己在職業發展方面的實踐和理論學習，針對學習敏銳度中各個維度的培養過程，為大家整理了具體的實際運用工具。這些工具經歷了幾千名學員的職業發展實踐的驗證，真實有效。除了有關學習成長的知識，讀者們也一定要注意我在每個階段

給自己提的問題。提出這些問題並想辦法回答的過程，就是我分析環境、分析自己、尋找解決方案、提升思考能力的過程。

這七個敏銳度就像七個清晰的個人成長步驟，能助力你實現複利式成長。

在正式閱讀本書之前，我先具體分享對這七個維度的解釋。

自我認知敏銳度

一個人能夠洞察自我，清楚地瞭解自身的優勢和劣勢，清除盲點，並利用這些資訊高效工作的程度。擁有較高自我認知的人擁有個人見解，清楚自身存在的缺點，不受自身盲點所限，並運用這些知識有效行事。自我認知敏銳度高的人有如下特點：

▸ 對自己的性格、能力、優勢、劣勢有清晰的認知並坦然接受。

▸ 可以客觀對待來自他人的回饋，能意識到回饋的價值。

▸ 遇到挑戰可以快速地分析主客觀原因，不過度自責，不把問題歸咎於外界環境及他人，也不過度防禦。

▸ 能從容面對挑戰，洞察個人的錯誤與失敗，並從失敗中學習、進步。

▸ 願意把失敗看成教訓的來源，持續不斷地使自我成長。

▸ 你可以透過一些問題和例子，觀察如何從經驗中獲得學習和成長的機會、回應回饋、考慮不同情況、形成自我洞察以及理解自己對他人的影響。

心智敏銳度

站在不同的角度思考問題，從容面對複雜和不明確的事態，並向他人闡明觀點的能力。心智敏銳度高的人有如下特點：

▸ 思維敏捷，能迅速發掘與深入領悟事物規律。可以指出和發現事物間平行、透視、對比、承接、關聯或組合等關係。

▸ 在條件有限、模糊又複雜的情況下，仍然能快速分析現狀並高效處理問題。

▸ 不僅思考事情「是什麼」，還尋求事情的「為什麼」和「怎麼樣」，並且探求背後的深刻意義。

人際敏銳度

具有良好的自我認知，從經驗中學習，建設性地、調整性地對待他人，並且在不斷變化的壓力下保持冷靜、具有適應力。人際敏銳度高的人有如下特點：

▸ 能夠建設性地對待與自己觀點相左的人、自己不喜歡的人，或者在其他方面與自己有衝突的人。

▸ 善於發掘他人的優勢，並且會將這些優勢運用到恰當之處，做到「知人善任」。

▸ 善於向他人表達，即使是表達負面的回饋，也有能力使他人聆聽。

▸ 能夠在與他人的互動中有所產出，並努力從互動中有所收穫。

目標敏銳度

在變化的環境下依然能明確和堅持目標，激勵自己和周圍人超常表現，並表現出可以使任何模糊目標清晰化、分解化的能力。目標敏銳度高的人有如下特點：

▸ 在向他人描述和指出目標時，他人會覺得目標真實而具體，舉手投足中散發著篤定和堅持。

▸ 能夠明確分析出可能推動結果達成的關鍵要素。

▸ 在變化的環境中也會有卓越的表現，執著於目標，穩定性強，值得他人信賴和依靠。

▸ 能明確分析出與目標相關並且可能推動結果達成的關鍵要素。

變革敏銳度

對事物有好奇心，對新鮮的想法富有激情，願意嘗試有待檢驗的事情，並致力於引導變革和創新解決方案的活動的能力。變革敏銳度高的人有如下特點：

▸ 對事物的發展趨勢有判斷能力，在變化的環境中具有創造性和創新性。

▸ 能夠獨立思考或透過與他人進行思維碰撞產生創新的想法，善於提出多種解決方案並努力實踐。

▸ 能夠比他人快承受和消化變革帶來的負面結果。

▸ 能夠影響和說服他人變革，讓他人接受變革。

結果敏銳度

在困境中能持續獲得有效結果，激勵周圍人超常表現，並能透過表現出對他人的激勵和信任來引導團隊達成結果的能力。結果敏銳度高的人有如下特點：

▶ 對想達成的結果有清晰的想像，並能清晰地講解給他人聽。在其掌控局面時，他人感到很有信心。

▶ 能夠建立並管理一支高效的團隊，能持續激勵團隊。

▶ 在困境下也會有卓越的表現，值得他人信賴和依靠。

▶ 具有很高的關於「自我卓越」標準。

▶ 除了參照外部對「卓越」的標準外，還有很高的自我標準。

幸福敏銳度

指一個人能從日常工作和生活中穩定地體驗到價值、幸福感、成就與掌控感的能力。擁有較高幸福敏銳度水準的人，通常擁有清晰的人生願景、明確的身分追求和清晰的個人主見，不受環境變化所限，並且能運用這些能力保持自己人生的穩定狀態。幸福敏銳度有六個層次，分別是朦朧含混、他人導向、回饋驅動、自我身分認同、完全自我和徹底超脫。

幸福敏銳度高的人有如下特點：

▶ 對自己的人生追求、人生身分有清晰的認知。

▶ 有明確的價值觀來指導自己做選擇。

▶ 可以客觀對待來自他人和環境的回饋。

▶ 能充分平衡多種人生角色。

▶ 具有較穩定、平和、高階的情緒能量。

　　對照上述七個維度，不斷修煉自己，養成自己的學習風格和習慣，你在職場中就會有無限的潛力。那麼，現實中具體應該怎樣去做？應如何逐步提高這套綜合能力？接下來，我會從我畢業後找第一份工作的經歷開始分享。

自我認知敏銳度
——職業初期的迷茫與無助

心智敏銳度
——成長就是能坦然接受複雜

人際敏銳度
——找對人、說對話、做對事

自我認知敏銳度

——職業初期的迷茫與無助

知識技能：

優點沒有、缺點致命、自卑脆弱，如何熬過來

　　相信每個「職場小白」在剛走上工作職位時，都經歷過覺得自己很「笨」的階段，我也不例外。可以用 12 個字來總結初入職場的我：優點沒有、缺點致命、自卑脆弱。我的職業生涯一度險些夭折。但是一年半後，我便成了一個擁有「學習能力強、基本功紮實、積極向上」標籤的職場小能手，為以後的職業發展打下了堅實的基礎。

　　我是怎麼做到的呢？

▶ 慘烈現狀

　　剛工作的第一年，我覺得自己很笨。

　　沒有業務經驗，也沒有人際敏銳度，簡直就是個書呆子。我那

時既不能憑藉精湛的業務能力脫穎而出，也沒有天生的人際敏銳度讓我在與同事和主管的交流中如魚得水。開會時我從來不敢發言，聚餐時我也不敢坐在顯眼的位置，完全是個職場透明人。如果有人介紹我是一位畢業於北大的博士，我甚至會感到羞愧，因為我覺得自己沒有任何優點，配不上大眾印象中博學多才的北大博士形象。

當時，因為總覺得自己能力差，所以我非常自卑，變得敏感而脆弱，週日晚上幾乎都因焦慮而失眠，週一又因焦慮而不想上班，需要站在鏡子前替自己打氣很久才肯出門。自卑、敏感、脆弱、被動、不諳人情世故，都成為我極其明顯的缺點。

在當時的我眼中，與我同批進入公司的每一個同事都比我優秀，他們要麼能說會道，要麼充分具備臨床方面的專業知識，要麼英文口語水準拔尖，要麼善於察言觀色、抓住機會，只有我簡直一無是處。不勝任就會被淘汰，我意識到這樣下去肯定是不行的，必須做點什麼改變自己。從哪裡改變呢？肯定是從提升能力著手。但當時的我，已經不能用木板長短參差不齊的木桶來形容，根本就是一個「平底鍋」。我到底該從哪裡開始改變呢？

▶ 痛定思痛，我如何改變

我決定先看看自己現在的工作職位到底需要什麼能力。既然我沒有什麼長處，不如先根據職位的需求對症下藥，快速提升。

於是，我在公司內網找到職位職責說明，把裡面提及的能力一

項一項地挑出來，根據我所理解的不同經驗形成的能力階梯，列出了如表 1-1 所示的醫學研究員職位能力要求自我整理表。

然後，我針對職位要求為自己繪製了符合當時個人能力發展的重要且緊急矩陣圖（見圖 1-1）。對照矩陣圖，我進行了如下分析：

表 1-1 醫學研究員職位能力要求自我整理表

基本條件要求	低階職位要求	進階職位要求	高階職位要求
醫學或藥學研究所及以上學歷，可以是通過校園徵才的新鮮人或有 1～2 年醫院工作經驗的社會人士	• 相關疾病領域的醫學知識 • 與外部客戶溝通的能力 • 專案和會議執行能力 • 醫學英文文獻閱讀與總結能力、口語表達能力 • 簡報製作能力	• 相關疾病領域醫學策略判斷能力 • 與國際總部定期進行會議的英文聽說能力 • 外部客戶管理能力 • 演講培訓能力 • 專案管理能力 • 協調組織能力 • 時間管理能力	• 疾病領域及未來產品線策略佈局能力 • 醫學學術方案設計能力 • 專案設計與管理能力 • 演講培訓能力 • 學術會議設計與組織能力
所處階段	我在此階段	1 年後我要達到此階段	
還欠缺的能力	• 與產品相關的醫學知識 • 簡報製作能力 • 英文口語能力 • 優秀的執行能力	• 策略思維能力 • 英文口語能力 • 組織協調能力 • 演講培訓能力 • 時間管理能力	

1. 主動與同事打好關係不是我的強項，當時的我精力有限，思來想去，我選擇先不去主動提高情商、刻意經營同事關係，免得做不好適得其反。把自己的事情做好更緊迫。

2. 簡報製作能力在未來的職業發展中非常重要，但當時我的職位對此沒有太高的要求，或者說要求並不高，能把專案實際執行好、把簡報講清楚即可，至於簡報做得是否炫酷、高級，並沒有那麼重要，完全可以半年後再花精力學習。

3. 最終，我找出兩個比較重要且相對容易提升的能力，分別是：產品領域的臨床知識累積和英文口語。我希望自己能在短期內提升這兩個基礎能力，於是替自己設定了 3 個月的目標，開始制訂提升

圖 1-1 個人能力發展的重要且緊急矩陣圖

計畫並嚴格實際實施。

　　針對臨床知識，我採取的策略是閱讀文獻自學、背專業書、拜訪客戶。我透過討論學習關鍵點等方法，快速提升工作職責範圍內的疾病領域知識累積水準；透過以教為學加強認識，主動創造與銷售團隊接觸、溝通、培訓的機會，在這個過程中不斷對自己的知識掌握情況查漏補缺。

　　我印象中當時最常做的事就是每天晚上洗完澡後坐在書桌前，拿出一篇提前列印好的與產品相關文獻，開始從頭讀到尾。不但從頭讀到尾，而且還記筆記，看過之後總結重點，有時還會製作幾張簡報，通常做這些事情需要 1 ～ 1.5 小時。剛開始比較吃力，慢慢地讀得多了、能融會貫通後就不那麼吃力了，後來速度越來越快。

　　我還發現了適合自己的看文獻的方法：只看研究目的、研究條件與結論，並從結論中分析那些對我們的產品特點有加持作用的觀點。如果對結論感興趣，再回過頭去看推導出結論的資料，之後看資料的得出過程；如果對結論中描述的引用文獻感興趣，我會再去搜索相關文獻，第二天補充閱讀。

　　經過 2 個月這樣高強度的學習，我在產品領域的知識累積達到了團隊第一的水準，與客戶交流時，客戶經常驚奇地發現我對相關疾病領域最新的文獻都瞭若指掌，於是會對我這樣一個認真好學的小女生表示非常認可和欣賞，甚至敬佩。在這個過程中，我不但與客戶建立了良好的合作夥伴關係，更和客戶成了可以交流專業知識的朋友。客戶願意與我交談，因為與其他只關心研究方案如何執行

的醫學研究員相比，我顯得更積極、更專業、更有前瞻性，並且能和我們的臨床客戶打成一片，對學術研究和未滿足的治療需求感興趣。

最終，我已經可以與臨床專家平等地就疾病領域的知識與產品的知識進行對話，這帶給我很大的成就感。

針對英文口語，我的方法是報名專業課程、請輔導老師幫助我快速提高口語水準。因為上學時經常做筆譯，我的英文讀寫能力不錯，但是口語能力就很普通了。我的工作需要經常與國際總部開會，我聽不懂國際總部的同事在說什麼，又說不好英文，非常影響溝通，幾乎無法有任何亮眼的工作表現。於是我下定決心要提高口語能力，改變這個被動局面。

當時我一個月的薪資才 3 萬元，就報名了學費為 12 萬的英文口語提高班，然後開始風雨無阻的學習。從公司坐地鐵大約要 45 分鐘才能到補習班。我每天下午 6：00 下班，於是每週一、三、五下班後，我都會快速從公司衝出來，坐地鐵在 6：45 左右趕到補習班附近，然後用 15 分鐘吃個漢堡或米線，7：00 開始上課。那時每週都有三天的晚餐只能吃漢堡或米線，無比單調，但我卻因為一心想著飯後可以開始上英文課而無比興奮。上完課是晚上 9：00，我會在補習班附近的街道上散步，在腦子裡大概回想一下今天都學了什麼，或者什麼都不想，放鬆忙碌了一天的神經，然後坐地鐵回家。週末的課我也是一大早就坐著地鐵過去，從我家到補習班要坐一個半小時的地鐵，但是我 90% 的週末課程都沒有缺席。3 個月後，我的口語水準突飛猛進；5 個月後，我的口語達到了高級水準。

於是我開始有能力介入團隊與國際總部的電話會議，透過參與討論促進業務開展，這同樣給了我很大的成就感。同時，日常工作中我也開始側重於補齊自身其他的劣勢：人際溝通能力和組織協調能力。

那時的我已隱約形成提升自身能力的策略：明確針對每個職位的要求，判斷自己在當下最需要提高的 2 ～ 3 個能力，用短期衝刺、一鼓作氣的方法來學習和快速提升，並透過日常工作迅速把「紙上談兵」變成「實戰演習」。

在不斷實踐並學習了生涯規劃的課程之後，我對如何針對一個人制定個人能力提升策略、持續發展職業技能，有了更深刻的認識，逐漸摸索出培養自身職業能力的方法，這成了我不斷提升職場競爭力的法寶。

▶ 職場能力究竟是什麼

通常，面試官在面試求職者時會很注意其所具備的能力是不是和職位要求匹配，那麼究竟什麼是能力呢？

能力是個體將所學的知識、技能和態度，在特定的活動或情境中，進行整合所形成的、能完成一定任務的素質。比如，醫生最基本的能力是診斷、判別和治療疾病，能否根據病人的症狀，將疾病確診出來並提供正確的治療方案，是檢驗醫生是否具備這種能力的直接方式。IT 技術開發人員最基本的能力是寫程式，能否根據客戶

需求將產品按時、有品質地開發出來，是檢驗其是否具有這種能力的方式。

　　職場能力其實呈同心圓結構。這個理論我最早是在古典老師的作品中接觸到的。職場能力可以拆分成才幹、技能、知識三層，這三層由內而外地構成一個同心圓（見圖 1-2）。

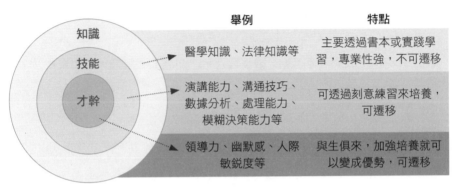

	舉例	特點
知識	醫學知識、法律知識等	主要透過書本或實踐學習，專業性強，不可遷移
技能	演講能力、溝通技巧、數據分析、處理能力、模糊決策能力等	可透過刻意練習來培養，可遷移
才幹	領導力、幽默感、人際敏銳度等	與生俱來，加強培養就可以變成優勢，可遷移

圖 1-2 職場能力同心圓

　　最外圈是知識，就是你懂得的東西，它需要有意識地專門學習和記憶才能獲得，常與專業學習或工作內容相關，通常用名詞表示，以廣度和深度為評價標準。知識不可遷移，需要專門學習才能掌握。

　　中間是技能，是我們能使用和完成的技術。這種技術可以在工作與生活中的各方面發展，可以在不同職位和行業之間遷移使用，以熟練程度為評價標準。

　　最內圈是才幹，是我們「自動化」地使用的技能、品質和特質。習得才幹需要天賦，同時也需要後天的訓練。才幹對職業發展能達

到怎樣的高度有很大的貢獻，但單一的才幹無法直接展現，需要與知識、技能相組合。

大多數人都是採用「在學校學習書本知識（畢業後基本上都還給老師）＋在工作實踐中學習職位必要知識」的方法，擴充自己的知識庫。但是，一方面，知識本身其實相對容易獲得，尤其網路時代，知識的快速檢索、蒐集、歸類已經是例行動作；另一方面，知識不可遷移，在不同職位之間共通的可能性很小，因此在職業發展的過程中，拓展知識不是重點，培養自己的「可遷移的技能」，個人技能的提升才是重點。技能和才幹需要終身培養。

能力發展也分為三個階段。

第一階段：學習相關理論知識，從「無知無能」到「有知無能」。

第二階段：訓練固化為技能，從「有知無能」到「有知有能」。

第三階段：內化為才幹標籤，從「有知有能」到「無知有能」。

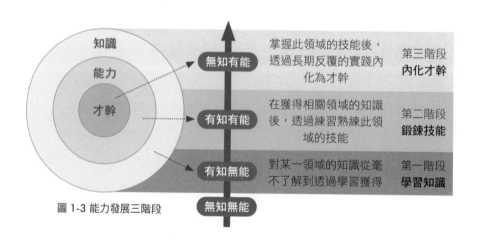

圖 1-3 能力發展三階段

自我認知：

主動跳出舒適區，我在尋找什麼

度過最初的「職場適應期」之後，隨著學習能力不斷反覆優化、工作能力不斷提高，我開始有機會迎接新的職位挑戰，並成為一個小主管。雖然跳出了舒適區，但我「適應」新職位的速度卻越來越快，證明自身能力的路徑也越來越清晰且可複製，我到底是怎樣做到的呢？

▶ 新職位新挑戰——人職匹配模型

個人能力逐步提升後，團隊和主管都看到了我的變化，入職一年半時，主管問我願不願意挑戰新的職位，我毫不猶豫地接受了「醫學資訊溝通專員」這個職位。

然而，醫學資訊溝通專員這個概念，對於 2009 年的國內醫藥行業來說是一類新興的職位職能，國外也沒有太多經驗可以借鑒。我是公司第一個醫學資訊溝通專員，負責腫瘤產品組。對於這個全新的職位，我到底應該怎麼做？我怎麼證明這個職位的價值呢？

　　我開始思考這個職位的需求到底是什麼，我有什麼能力可以與需求相配，可以發展。也是在這個過程中，我開始模糊地使用人職匹配模型對自己和職位進行匹配，人職匹配模型也是古典老師在他的生涯規劃課中提出的。

　　我在 2010 年開始思考這類問題，下面我仍簡單地用上一節向大家提過的思考進行循環操作：列出職位的基本要求、進階要求、高階要求來進行分析，提升能力，動態分析匹配度，繼續提升能力。

　　直到 2017 年上了古典老師的生涯規劃師的課程，我才恍然大悟，發現還可以用這麼好的模型，也很欣慰 2010 年的自己竟然簡單地摸索出了這個模型的雛形（見表 1-2）。

　　我們可以把這個模型拆解為兩個步驟。

步驟一：深入分析，理解職位的要求

　　針對每個職位，公司都有職位職責描述。身為員工，你要能非常清楚地把這些要求優化為核心的三個能力需求，並清楚地瞭解該職位的績效評估標準。

　　例如，對於醫學資訊溝通專員這個職位來說，經過與主管的溝通及認真的篩選和排序，我發現除了「專業知識」這個基本要求，

適配該職位的前三項重要能力是：超強的學習潛力、溝通技巧，以及快速適應變化的能力。而對於這個職位的績效評估標準，主管並沒有想好，他讓我自己在工作中摸索，希望 3 個月後我能給他一份滿意的答案。

表 1-2 員工能力及需求與職位要求和回饋之間的匹配

員工的兩個要素	職位的兩個要素	首先分析	再進行匹配
能力	要求	• 個人最核心的三項能力是什麼，滿分 100 分的話自己幾分 • 職位最基本的三項要求是什麼，需要員工做到幾分	• 如果能力低於職位要求，那就提升能力 • 如果能力高於職位要求，那就考慮職位進階的機會
需求	回饋	• 公司能提供什麼回報，包括薪資、獎金、福利、團隊文化、彈性工作制、培訓平臺、發展平臺、企業自豪感等 • 員工有什麼需求，包括物質和精神兩方面的需求，精神需求比如成長的需求、被認可的需求等	• 當需求高於職位所給的回饋時，就要主動去溝通，看是否能得到滿足 • 當需求低於職位所給的回饋，員工滿意度較高，也更加積極

步驟二：定期溝通，明確主管的需求

要與主管定期溝通，跟進彼此的要求和需求，保持步調一致，這也是讓人職匹配模型良好運轉的非常關鍵的動作。

要在工作和配合中持續溝通，保持資訊暢通，雙方應不斷細化和明確職位的要求，並確認員工的需求，這些工作也非常重要，要定期進行。只有這樣，才能保持人職匹配模型順利運轉，在員工有了新需求或職位有了新要求時，能及時發現和溝通，有效杜絕「主管和員工雙方各憋了一肚子委屈，員工覺得自己的工作不值得繼續做直接辭職，或者主管對員工極度不滿意然後突然將其開除」的情況。

那麼我當時是怎麼做的呢？針對這個職位，我進行了以下思考。

我開始思考這個職位的價值，並特意做了一份研究這個職位如何改變客戶觀念、間接促進區域銷量變化的模型。當中有幾個關鍵點：一是一定要試行，用局部成功證明策略的正確性；二是分析關鍵變數，尋找模式；三是複製，用實踐檢驗、證明該方法論的正確性；四是找到合適的時機向主管彙報，獲取支持與資源。

針對醫學資訊溝通專員這個新興職位，我想，站在公司的角度，最重要的還是業績。但是醫學資訊溝通專員屬於醫學職位，不直接與銷量掛鉤，我能不能找到某種方式，將我的工作貢獻和結果與公司的業績曲線掛鉤呢？或者起碼從側面證明我做的這些工作，與公司的業務團隊產生業績正相關呢？

要知道，當時公司的這個職位只有我一個人，我是負責全國相

關事宜的醫學資訊溝通專員,如何才能讓自己快速產出價值並被認可呢?顯然全國「鋪面」是不行的,得專心於「點」。

於是我打算做「醫學資訊溝通專員星火燎原試點專案」,藉以全面呈現醫學資訊溝通專員的職位價值。針對這個項目,我採取了以下三個措施。

1. 確定三個發展潛力比較大、專家集中、業務經理配合度較高的區域,分別是北京、上海、浙江。

2. 與業務經理深入溝通,瞭解來自一線工作的需求。確認了業務經理們主要有透過定期拜訪客戶溝通學術需求、大客戶定期學術會議的支援和對第一線業務同事進行定期培訓這三大需求。

3. 針對這三大需求設定年度目標和 KPI,並持續留意結果。

我把項目時間定為 3 個月,在過程中加強與區域業務、市場團隊的溝通,並及時跟進外部客戶的回饋,終於在 3 個月結束時拿到了客戶觀念提升和區域銷量提升的結果。在與公司總裁進行月度午餐會時,我將這個結果展示出來後受到認可,主管立刻決定給我增加 3 個人手,成立醫學資訊溝通專員團隊,將我的成功經驗複製到全公司。

▶ 深入瞭解每個人,帶領團隊完成漂亮的 KPI

成為團隊主管後,角色的變化和看問題的角度都會發生變化。

關於領導力，我當時的理解是，團隊主管一定要帶領隊伍達成績效，因此領導力有三個展現點：

1. 能引導策略方向，有足夠的判斷力和洞察力
2. 有影響力，能引導和調動資源，包括人、錢、物等
3. 有關心力，願意瞭解、理解團隊需求，推動團隊發展

做了團隊主管後，我不僅要對自己一個人的績效負責，還要對整個團隊的績效負責。我是一個非常注重效率、結果導向的人，做了醫學資訊溝通專員之後，更是對自己高標準、嚴要求。在第六章關於結果敏銳度的分享中，我還會透過舉例為大家深入講解關於領導力的話題。這裡只簡單分享我在剛帶團隊時的思維，希望能給大家提供一些借鑒。

1. 面對員工能力參差不齊的團隊，如何確保大家理解團隊目標，交付的任務能夠達到標準統一、足夠清晰的要求？
2. 如何避免能力差或態度不好的員工給整個團隊帶來績效風險？
3. 我是否清晰地瞭解團隊中的每個成員想從這份工作中得到什麼？
4. 我是否清晰地瞭解團隊中的每個成員想為這份工作付出什麼？
5. 每次交辦任務我都會反思，如何讓對方清楚地理解我想要什麼？

花了一段時間深入思考之後，我決定對自己和團隊重新進行目標管理和績效要求管理，並投入時間和精力與他們每個人深入地一對一溝通，以確保我們對目標的理解和對執行要求的理解一致。也

就是說，在當時，管理團隊績效的主要做法是對團隊提出職位要求和 KPI，並進行自下而上的目標溝通與管理。如今看來，這其實就是將現在很常用的目標與關鍵結果法，也就是 OKR 融入了管理，我也會在第六章中，為大家詳細講解什麼是 OKR 及如何使用 OKR。

當時在國內的醫藥行業中，醫學資訊溝通專員屬於新興職位，這類新職位的要求對於個人貢獻者（individual contributor）來說還比較好滿足，做好一些本職工作就可以了；而對於團隊主管來說，需要思考的就不僅僅是手頭的工作，還有職位和團隊職能的價值所在。當時雖然還沒有 OKR 的理念，但是我從需要達成的目標和 KPI 開始，深入挖掘醫學資訊溝通專員這個職位能為公司帶來的價值和意義。

在我看來，思考和量化職位價值這件事並不緊急但很重要，所以當時我給自己的要求是，每週都專門抽出 2 小時，這 2 小時我不做具體的工作，而是找個安靜的地方，比如會議室、樓下咖啡廳的僻靜角落，抱著電腦，坐在那裡專門思考以下問題。

1. 醫學資訊溝通專員這個職位，與公司內部醫學部其他職位的區別是什麼？
2. 這個職位能提供什麼樣的差異化的價值？
3. 這些價值展現在哪些方面？
4. 這些價值針對內部及外部哪些重要的利益相關者或客戶？
5. 這些價值用什麼樣的結果來呈現是最容易讓大家認可的？
6. 如何量化這些結果並讓大家可以更清晰地監測？

7. 如何將監測到的結果視覺化地呈現出來，如何根據大家的回饋調整呈現出來的結果、回饋機制是什麼、調整的原則是什麼？

……

　　以上問題都是我剛成為醫學資訊溝通專員經理時曾深入思考的，雖然當時的思考結果在很多方面還不成熟，但是這些思考和方向加深了我對這個職位的理解，也讓我可以跳出來，用「第三人稱」的視角看待我自己及團隊的工作。

　　在寫本書時，我意識到，其實我當時就在替醫學資訊溝通專員這個職位進行定位和價值主張。做具體的產品和品牌時需要先完成定位和價值主張，這個大家都很清楚，其實對於一個職位來說也是如此。價值主張可以時刻提醒你這個職位核心的差異化優勢是什麼，帶給大家的獲益是什麼。

　　也只有這樣，價值主張才能真正指導你的實際工作，讓你有足夠的定力，不因那些細碎、繁瑣、不重要、低價值的事情失去焦點。

　　思考完價值主張，我開始思考如何實踐這個價值主張，形成具體的工作結果。

　　在制定目標時，通常會設定一個固定的時間內目標（對醫學資訊溝通專員這個職位來說，我選擇以季為時間單位）。關鍵結果以量化指標的形式呈現，用來衡量在這段時間結束後是否達到了目標。在全面展開工作時，要將職位價值（價值主張）、團隊目標（實

踐、量化的價值主張）和個人目標（個人發展和個人貢獻）有機結合。而在到了需要衡量目標時，要特別注意對每個目標的每個關鍵結果進行評估，因為不同的人對目標的期望也不同。

　　以實施流程來說，便是根據價值主張設定明確的目標、明確與目標聯繫最緊密的關鍵結果、制定與結果高度相關的 KPI 並推進執行，然後定期回顧和調整，以確保目標能夠實現。

摸爬滾打：

在成長區摸爬滾打、自我否定與重建、精彩瞬間

　　在醫學部工作了 5 年、換了 3 個職位、升職 2 次之後，有一個新的職位機會擺在我面前，讓我既興奮又膽怯。我一方面想抓住它，讓能力和見識都上一個臺階，另一方面又擔心自己無法勝任，難以收場。

　　最終我還是選擇了挑戰自我。雖然過程中的摸爬滾打令我狼狽不堪，但最終也有了「精彩瞬間」。我也深刻理解了李歐納‧科恩（Leonard Cohen）的那句話：「萬物皆有裂痕，那是光照進來的地方。」

▶ 新職位機會伴隨的新挑戰

　　隨著在醫學部的工作逐漸步入正軌，工作開始變得遊刃有餘，

新的機會迎面向我走來。有一天，公司事業部的負責人和我談話，聊我的職業生涯發展，並問我願不願意轉到市場部工作。

我問他為什麼覺得我能勝任，主管說是因為「專業度＋靈活度＋良好的客戶關係」。

說實話這個機會對我來說是很大的挑戰，當時的我年輕懵懂，只是隱隱感覺未來之門打開了一條縫，射出了一道光，但是不確定門裡面的是不是寶藏。思考了一天之後，我決定試一試，這主要是考慮到醫學部對我來說就像舒適圈，要想讓自己獲得更大的成長空間，就要跳出舒適圈，進入成長區。

事實證明，尋找寶藏前期的黑暗超出你的想像。初入市場部，內外部的巨大挑戰，讓我一度十分低落，後悔莫及。市場部與醫學部的工作內容完全不同。業務部門與支持部門的職能也完全不同。而且，由於我的職業角色發生了變化，因此我的思考方式和工作方法也需要快速變化。同時，團隊和公司主管對這個職位的期望值非常高，這些挑戰都帶給我不小的壓力。

我可以簡單描述一下當時的情況。

外部市場環境複雜：環境多變、競爭激烈、一片紅海、客戶需求多且緊急等。

內部業務團隊的壓力：業務壓力巨大、團隊的焦慮感與無助感交織並存，演變成對市場部的挑戰與衝突。

與主管的合作模式處於磨合之中：剛到市場部時，我當時的直屬主管性格很好，但是坦白講他的抗壓能力有待提高，整個人非常

情緒化。當時的我沒有能力對他向上管理，也無法準確地預測他的語言和行為，更不能快速消化那些不良情緒，這導致我非常辛苦，也很鬱悶，幾乎每週都要大哭一場。

那時的我再次陷入了深深的自我否定，在醫學部累積起來的職業成就感和自信心蕩然無存。

▶ 一個情緒化的上司

有一次，我晚上加班到深夜，發完最後一封郵件已經快要凌晨1：30了，而那天早上8：00我還要與業務經理開會，那時我住的離公司很遠，所以決定在公司睡一晚。我把椅子靠墊當作枕頭，當時是夏天，我把一件外套蓋在身上，就這樣在辦公室的桌子上睡了一晚。

早上6：30，公司的清潔阿姨把我叫醒，阿姨得知我因為加班晚了不能回家，對我表示了佩服和心疼。

9：00開完與業務經理的會議，主管和我釐清接下來的工作安排。過程中，我提及昨晚我在公司辦公室睡了一晚。主管聽後無動於衷，他說，特殊時期大家都很辛苦，加班是必然的。當時我心裡雖然有些委屈，覺得主管根本不把我這個員工放在心上，但是也沒有多說什麼。

直到下午開完另外一個跨部門會議，主管突然找我問責，說專案的設計不夠合理，對我大發雷霆，當著很多團隊成員的面罵了我

一頓。我說這個案子是星期一和您討論過的，您當時並沒有什麼異議，但他根本不聽我的辯解，要我把專案的計畫撤回重做！

那一刻，我委屈極了，覺得這個主管太沒有人情味了。過去幾個月我一直在加班，而且前一天剛剛在公司加班到深夜，不得不睡在公司，這種情況下主管連一句安慰的話都沒有，不但不關心我的感受，竟然還這樣朝令夕改，真讓人無所適從！

下班時我打電話給閨密訴苦，越說越委屈，忍不住大哭了一場。哭過之後，我冷靜下來，思考如何解決問題。

那天晚上我沒有加班，刻意不帶電腦回家，我拿著我的筆記本去咖啡廳，決定深入思考一下，到底應該怎麼與主管合作呢？在這種整個團隊的壓力都非常大的情況下，如果我不能馬上改變主管的工作方式，就只能改變自己。

▶ 用一張 A4 紙解決難題

推薦大家一個當我遇到困惑或困難，感覺頭腦不清楚而解決不了問題時，常用的思考方法——A4 紙零秒思考法。這個方法由日本的一位商業諮詢師提出，他在其著作《零秒思考力》中提出了一個非常方便、實用的方法，也就是用 A4 紙在 2 分鐘之內記錄你針對問題進行的思考。

這個方法的好處在於，能夠讓你養成快速針對問題思考解決方案的習慣，同時這個方法適合多種場景，比如遇到職業發展困惑

時、出現職場情緒時、遇到職場難題時等。

　　具體做法很簡單，每天如果想到了什麼困擾自己的問題，隨時隨地拿出一張 A4 紙，花幾分鐘把你想到的、關於這個問題的解決方案都列出來。

　　將問題放在第一列，然後歸納 4 ～ 6 行第一時間想到的答案，每行關於問題的回答不要超過 20 個字。把你能想到的答案都寫出來，一直寫到想法枯竭為止。

　　這樣做的好處在於，你可以瞬間將諸多困擾從你的大腦中移除，並減少當時的不良情緒，還有可能快速梳理出解決方案，或者只是快速發現問題也很好。

　　那天晚上，我就在咖啡店思考與主管合作過程中的問題，當時寫了三個問題。

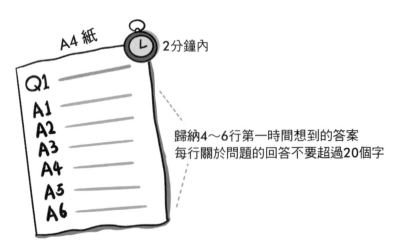

A4 紙　　2分鐘內

Q1
A1
A2
A3
A4
A5
A6

歸納4～6行第一時間想到的答案
每行關於問題的回答不要超過20個字

圖 1-4 一張 A4 紙記錄你的思考

每個問題的後面我都列出了自己在 2 分鐘之內盡可能想得到的所有答案或解決方案，當時我所列的內容具體如下。

問題一：主管為什麼總是會突然變得情緒化？

1. 他本身的工作壓力達到了他自己無法調節的水準。

2. 他的性格導致他相對比較情緒化。

3. 我們處於合作的磨合期，所以雙方的工作方式都需要調整。

4. 他對工作有過高的期望，現在的我還達不到他的預期。

5. 他是一個「對事不對人」的人，管理方式傾向於管事，而不是關心他人的感受。

問題二：這種情緒化是我能改變的嗎？如果不能我有什麼方法可以應對？

1. 他的性格較情緒化這件事本身我無法改變。

2. 但是我可以更多地瞭解他，提前預測他的情緒化或更好地臨場應對他的情緒化。

3. 我可以整理分析他在什麼場景下容易情緒化。

4. 主動與他交流，告知他我的感受，希望他能意識到。

問題三：我自己在與主管合作的過程中有沒有什麼需要改善的地方？

1. 要快速提升自己在市場部的各項能力。

2. 加強與主管的定期溝通，提前確定他的期望值以及我在工作中需要調整的方向。

3. 理解他的感受，先同理，後討論，不要爭論。

4. 在處理不同意見和衝突方面，做到比他更成熟，不要困於自己的情緒。

經過一番反思和思考，我的心情平靜了許多。根據我在 A4 紙上寫出的這些可能有效的解決方案，我替自己制訂了行動計畫。

在接下來的日子裡，我透過主動找主管溝通、瞭解期望值、獲得意見與建議、主動跟進和回饋、充分理解他、同理他，慢慢度過了我們的磨合期，雙方相處起來都舒服多了。雖然這個主管還是會有情緒化的問題，但是這種情緒化帶給我的困擾越來越少。我有時甚至還和他聊天交心，幫他管理情緒。

在之後的職業生涯中，我遇到過各種各樣的主管，也都透過這種方式把雙方的矛盾降到最小，盡可能達成意見一致，進而推進工作，盡量愉快地工作。我的這位主管其實是一位非常真誠的人，我們也是非常好的朋友，

後來我離職時他還開玩笑說：「能把我這種主管管理好，後面的職業生涯中不管你遇到什麼樣的主管都沒問題啦！」

▶ 精彩時刻的頓悟階段

除了要與主管配合好，多瞭解、理解他，學會與他打交道，更重要的是把事情做好，把業務做好。所以那段時間我一直在不斷地思考，到底怎麼做才能打破當前的局面。每天我都會在 A4 紙上寫

寫畫畫，思考策略。有一天我突然意識到，面對這樣複雜的市場局面，我不可能一次解決所有問題，那麼最關鍵的問題是哪一個？哪些問題是最底層的槓桿？有哪些問題需要我去解決，哪些問題需要團隊去解決？或者用二八原則，將 80% 的資源和精力投資在最關鍵的 20% 的事情上？策略就是明確取捨、做選擇，找到最值得做的某幾件甚至某一件事情。

我決定從自己的專業優勢入手，從自己能做的事情開始，嘗試為整個局面找到突破口。專業洞察力是我的特長，那我就把它發揮到極致。於是我的心情開始恢復平靜，我開始像之前那樣看專業文獻，深耕產品資料，分析當前的疾病領域有哪些未被滿足的治療需求，產品的差異化優勢到底在哪裡。在用了三天時間研讀、分析文獻後，我對產品的療效安全性資訊及市面上所有競品的療效安全性資訊都進行了完整的彙整分析，並列在簡報裡，從中分析出了我們的產品有哪些差異化的競爭優勢。

完成這些工作後，我組織公司包括市場部、業務部、醫學部、大客戶部、培訓部，甚至公關傳媒部在內的各部門同事，一起開了一個研習會，討論、分析自身的優劣勢和今後的行動方案。最後，我還拿著內部團隊統整過的資料，去找一些彼此熟悉的、關係比較好的外部客戶進行討論，請他們幫忙挑毛病、提出建議。

經過幾輪的討論、挑戰、分析、總結，我們對產品的差異化優勢的挖掘漸漸有了眉目，結合當時的市場需求，我們專門針對客戶設計了一套全年的解決方案，即一個非常優秀、新穎的市場活動，這

個活動充分與我們的差異化優勢結合，讓我們在激烈的紅海市場中殺出了一條路。最終，無論是外部客戶還是內部跨部門團隊，都對這樣的方案非常滿意，我個人在此過程中還收穫了很多客戶資源，他們非常欣賞我的專業度，大家經常在一起探討專業問題。

夜深人靜時，回顧過往，我深深地意識到，無論是市場行銷還是個人發展，對差異化優勢的挖掘都必不可少，盲目加班、重複做事只是在自我感動，找到關鍵的方法，才是對自己、對公司最重要且最有利的事。

揚長避短：

在優勢區提高成功機率，
合理分析和發展自己的能力

　　叔本華有句關於人生的名言：「人生就是一團含混不清的欲望，欲望不滿足就痛苦，欲望滿足就無聊。」這句話表達出人生的矛盾狀態，不僅僅是面對欲望，在面對變化時人們也同樣充滿內心衝突：渴望變化，渴望新奇，同時又希望自己能擁有「不變」帶來的那點安全感。

　　在一家公司工作得久了，難免感到倦怠，渴望看看外面的世界。但是，如何能保證跳出去是最優的選擇？如何合理分析和發展自己的能力並提高以後的成功機率？

▸ 工作中也有七年之癢

在第一家公司工作了剛好 7 年時，有一天和一位業內的朋友聊天，她對我說，瑞米你知道嗎，你身上某某公司的印記非常明顯，舉手投足、思考方式、表達方式都是。

我一聽就驚住了，真的是這樣嗎？這可不是我想要的。我一直喜歡變化，希望自己體驗不同的環境、模式、經歷。我不想自己年紀輕輕就固化，變得「泯然眾人矣」。當時博士畢業的我之所以沒有選擇留在學校，正是因為不喜歡學校裡「一成不變」的工作和生活模式。然而，現在的我……是時候做出改變了。

我決定辭職，要想讓自己脫離某種模式，就要徹底離開這個環境。

世界那麼大，我想去看看。

剛好，我的市場部經驗裡缺乏在新產品上市前規劃、推廣產品的經驗，所以我決定跳槽，去另外一家跨國企業做新產品上市。也許有人會問，為什麼做這個選擇呢？

人的職業發展是有運氣成分的，而你能做的，是在優勢區擊球，提高勝算。如果你是一個水手，那麼能不能從幾十個水手裡脫穎而出被選中，是要看運氣的，但這艘船開向何處，是河對岸還是遠方，就是「運氣的運氣」，你可以選擇的是跟隨哪艘船上路。那我們怎麼做才能改變「運氣的運氣」呢？這就需要先理解基礎比率的概念。

圖 1-5 在優勢區擊球提高勝算

我們來看一個生活中可能出現的例子。長相普通又不太懂女生心思的小李因為就讀於外語系，因此有機會在女生眾多的班級裡找到女朋友；而陽光帥氣的另一位同學小張則就讀於電腦相關科系，班裡一共就只有 3 個女同學，直到大學畢業都沒得到班上女同學的青睞。

你看，他們所在學校的女生人數在總人數中所占的比率，就是女生的「基礎比率」。小李所在學校女生的基礎比率高達 90%，而小張所在學校女生的基礎比率不到 5%。因此，條件較差的小李找到漂亮女朋友的機率反而更高。所以，如果只從校園戀愛的角度來說，小張選錯了賽道。

查理·蒙格有一句名言：釣魚的第一條規則是，在有魚的地方釣魚；釣魚的第二條規則是，記住第一條規則。這句話說的就是這個道理。

改變運氣的運氣，就是去成功機率更高的地方。所以我選擇了最能利用我的專業優勢的市場行銷領域：新產品上市。與成熟的產

品領域相比，這個領域的特點是市場未知、差異化優勢待發掘、產品定位有多種可能、學術引導性較強，也最適合我當下的發展需求。

▶ 如何與團隊成員對比自己的優劣勢

每個人都有很多能力，同時也會有自己的優勢和劣勢。如何管理並有效提升這些能力和優劣勢，才能更好地推動個人職業發展呢？

進入新的公司，從領域到產品再到團隊，對我來說都是全新的。

但是我已經不是那個剛畢業時懵懂膽怯的我。新加入一個團隊，我要第一時間分析自己在團隊中的能力和競爭力，尋找差異化優勢。我甚至根據新職位的要求，做了一張對比自己與其他團隊成員的差異化優勢的表格（見表 1-3），以此指導自己在接下來的幾年中要在哪些方面有所提升、在哪些方面穩步保持、用哪些特點展示自己。

經過這樣一番分析，我對於自己在團隊中的競爭力一目了然。

團隊裡競爭力最強的是小李，他的醫學專業度、組織協調能力、英文水準都不錯，入職時間也最長，唯一的缺點就是他不喜歡與外部客戶溝通，但是真讓他去做他也能應付。

小張也不錯，他雖然專業水準一般，但頭腦聰明、靈活，而且特別積極主動，情商很高，很會待人接物，在公司裡也較受認可。

小王相對弱一些，他各方面都不夠好，相對來說不是競爭對手，不在考慮範圍內。

表 1-3 團隊成員能力分析對比

能力方向	我	小張	小李	小王
醫學專業度	90 分	75 分	85 分	65 分
人際能力	80 分	95 分	80 分	75 分
積極主動度	90 分	90 分	85 分	70 分
組織協調能力	85 分	85 分	80 分	75 分
英文水準	85 分	80 分	90 分	70 分
在公司的年資 （年資短分數低）	0 分	60 分	80 分	50 分
策略思維能力	85 分	75 分	75 分	60 分
外部客戶溝通能力	85 分	85 分	80 分	65 分

那麼接下來就要看看我自己了，想在團隊中脫穎而出，要發揮自己的優勢、揚長避短，我的可發展優勢有醫學專業度、外部客戶溝通能力、組織協調能力和策略思維能力。所以，如果我想在團隊中給自己貼標籤，就可以考慮把這幾方面的差異化優勢進一步拉大，讓大家刮目相看。

▶ 職場能力矩陣分析及發展策略

職場能力矩陣是用一個四象限表示的矩陣，你可以將自己的各種能力分門別類地分析和管理，有針對性地提升。大家對這個工具

感興趣的話可以去看古典老師在「生涯規劃」課程裡的詳細介紹，這裡我結合自己的經驗和實例為大家描述一下具體我是怎麼理解和使用的。這四象限共有兩個層面：是否擅長和是否喜歡（見表1-4）。

表 1-4 職場能力矩陣分析

象限	能力舉例	應對策略	象限	能力舉例	應對策略
擅長 ＋ 喜歡	醫學專業策略分析、客戶管理、專案管理、寫作	發揚成個人優勢標籤	擅長 ＋ 不喜歡	英文翻譯、資訊收集、即時記錄	保留為儲備技能，以備不時之需
不擅長 ＋ 喜歡	演講技能、項目設計、運營能力	重點學習和發展	不擅長 ＋ 不喜歡	庶務工作、勞動型工作	盡量避免自己做或直接授權給別人做

畫出四象限之後，針對自己在工作中需要的每個能力，都問自己如下問題：這個能力是我擅長的嗎，這個能力是我喜歡用的嗎？

在分析自己的能力時要注意兩點：

第一，擅長和喜歡是兩件事。比如我很擅長做英語筆譯，念研究所時曾經靠做英語筆譯每月獲得幾千元的穩定收入，但是我並不喜歡，因為覺得這份工作機械而浪費時間，對個人成長的幫助極為有限。所以，你要把「擅長」和「喜歡」這兩個角度分開思考。

第二，有些事情你會因為自己「不擅長」而彷彿「不喜歡」，但這是假象，一定要看穿它。比如現階段的你不擅長公開演講，有這種機會

你就感到緊張，想躲避，所以讓自己誤以為自己不喜歡。實際上，你在看到別人有感染力的公開演講時是很羨慕的，同時幻想自己有一天成為這樣的人。那麼這項能力，就應該屬於你「喜歡」的能力。

把你所有的能力根據水準高低及是否喜歡分別列在如圖 1-6 所示的四個象限中。

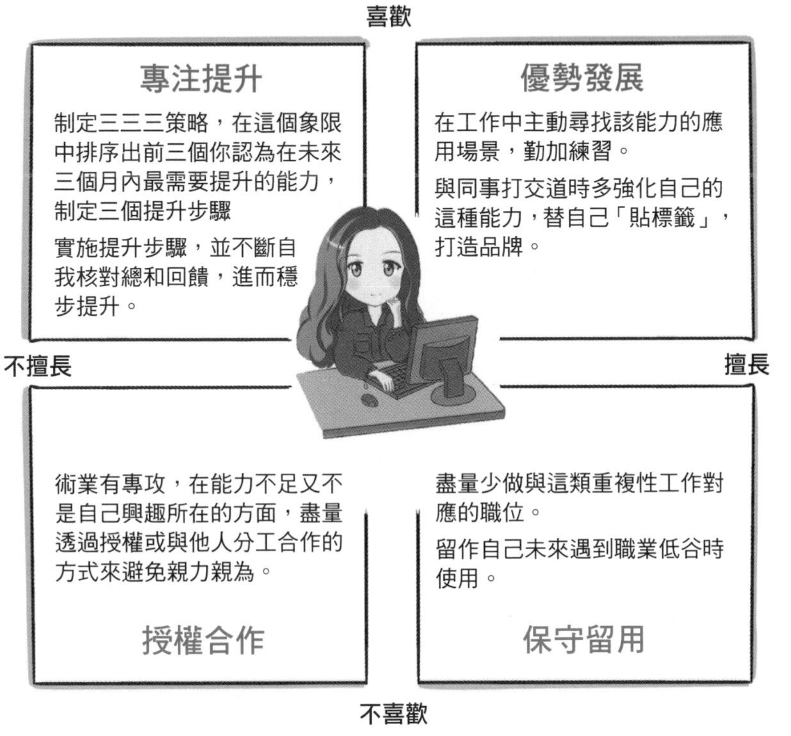

喜歡

專注提升

制定三三三策略，在這個象限中排序出前三個你認為在未來三個月內最需要提升的能力，制定三個提升步驟

實施提升步驟，並不斷自我核對總和回饋，進而穩步提升。

優勢發展

在工作中主動尋找該能力的應用場景，勤加練習。

與同事打交道時多強化自己的這種能力，替自己「貼標籤」，打造品牌。

不擅長　　　　　　　　　　　　　　　擅長

術業有專攻，在能力不足又不是自己興趣所在的方面，盡量透過授權或與他人分工合作的方式來避免親力親為。

授權合作

盡量少做與這類重複性工作對應的職位。

留作自己未來遇到職業低谷時使用。

保守留用

不喜歡

圖 1-6 用「擅長能力四象限」尋找解決策略

四個區域的能力管理策略分別如下：

優勢發展：核心區的能力是「個人能力標籤」。這部分的能力一方面需要你不斷地聚焦、精進，確保它具有競爭力；另一方面需要你主動表現、刻意傳播，讓其成為你的個人品牌和標籤，具有鮮明的代表性。這樣，這個核心區的能力就能源源不斷地為你帶來各種機會與資源。

保守留用：這部分能力是你過去就擁有的能力，你已經完全掌握，是你在生存階段被迫訓練出來的。這是你的基礎保障，萬一失業了你還可以憑藉它有一些收入。

專注提升：這部分能力往往會是你希望自己未來掌握的很優秀的能力。針對這類能力，最關鍵的策略是增加投入、刻意學習。我建議使用三三三策略，即在這個象限中判別出三個你認為在未來三個月最需要提升的能力，制定三個提升步驟，然後具體實施，並不斷自我核對總和回饋，進而穩定提升。比如，你對演講和視覺化表達很感興趣，但是現在自身能力不足，那麼你要接納自己現在的狀態，然後投入時間和精力去學習，經常練習這個技能，以求變得熟練。

授權合作：這部分是你的興趣和能力的劣勢，要正視自己在這方面的不足，並刻意迴避它。迴避的具體方式包括將事情授權給他人和與他人合作，善用別人在這些方面的優勢能力，共同受益。

自我認知敏銳度：

洞察自我、清楚瞭解自身的優劣勢，高效工作

　　自我認知敏銳度是學習敏銳度中的一個重要方向，指一個人能夠洞察自我，清楚地瞭解自身的優勢和劣勢，清除盲點，並利用這些資訊高效工作的程度。擁有較高自我認知水準的人擁有個人見解，清楚自身存在的缺點，不受自身盲點所限，並運用這些知識有效行事。

　　從光輝國際的解讀及相關文獻中提到的觀點來看，自我認知敏銳度有五個層次，分別是個人學習、回饋導向、自我反思、情緒管理和自我洞察。

　　個人學習：個人學習者認為自己處在不斷進步的過程中，他們注重自我提升的過程而非明確的完美終點。每次經歷都是他們學習的機會。

回饋導向：以回饋為導向的人尋求來自各方面的回饋，並依據回饋採取行動。他們從容地作出個人改變，並且將批評視為有用的建議。

自我反思：培養反思的習慣需要時間、空間，以及對檢驗思想、感覺和行動的渴望。自我反思者能夠理解他們的經歷、從中吸取教訓，並且對未來做出調整。

情緒管理：一個善於情緒管理的人能夠理解和管理他們的情緒觸點，這使他們在高壓情境下能夠保持沉著冷靜，並保持積極主動的心態。

自我洞察：不瞭解自身優缺點的人會傾向於高估自己，擁有自我洞察可以幫助他們更好地發揮優勢、彌補不足。

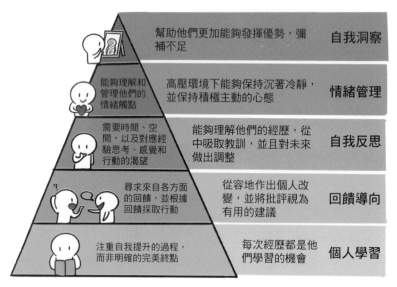

圖 1-7 自我認知敏銳度的五個層次

在個人職業發展層面，自我認知敏銳度的培養目標是獲得較高自我認知，具體的行為表現如下：

1. 心胸開闊、思考開放

2. 有較好的自我覺察

3. 開放、積極地面對他人的回饋

4. 注重持續不斷的自我完善

你可以透過洞察自我瞭解你的自我認知敏銳度水準，你可以多去觀察、檢視自己解決問題的方式、思緒，思考自己遇到不同情況的情緒反應，做價值追求梳理、自身優劣勢甄別，多聽取別人的回饋以排查思考盲點等等。

你可以透過一些問題和例子來觀察自己如何從經驗中獲得學習和成長的機會、回應回饋、考慮不同的情況、自我洞察並理解自己對他人的影響。

如何提升自我認知呢？向大家介紹我總結的兩大方法。

方法一：坦誠地不斷從外界獲取對於自己的回饋

獲取外界回饋的方式有很多，我在這裡列舉 3 種。

1. 找朋友面對面、一對一問詢，可以詢問對方以下問題。

你覺得我這個人的優勢在哪裡？劣勢在哪裡？

如果讓你描述我的性格，你將用哪些關鍵字來描述？

在我們的相處過程中，讓你印象最深的一件事是什麼？

在我們的相處過程中，讓你最欣賞我的一件事是什麼？

在我們的相處過程中，讓你最討厭我的一件事是什麼？

你聽到周圍我們共同的朋友都如何評價我？可以列出關鍵字。

你覺得我未來的發展方向在哪裡？

2. 找比你「高階」的職場人士或朋友，比如你的主管，請他們針對你的性格、能力、績效、團隊合作等，從不同層面給你回饋。認清你和優秀之間的差距及改進方向。

3. 向朋友們發出問卷，讓好友們來測評，你可以獲得一定數量的統計結果。

方法二：定期進行自我反思與總結

覆盤反思是很好的自我成長方法，我後面還會有具體分享職場中的覆盤策略與方法，這裡僅從自我認知的角度教大家兩個好習慣。

1. 定期記錄自己對不同事情的解決策略、思考路徑、靈感等，回顧自己在處理各種事情、得到好的或壞的結果的過程中，都做了哪些思考與判斷，採取了哪些行動，分析這些思考、行動與結果的關聯。

2. 定期回顧自己的覆盤，合併同類項目，對有好結果的事情的處理過程中的類似思考、行為等進行總結與提煉，不斷優化並明晰自己的優劣勢和成長點。

自我認知是學習敏銳度的關鍵要素之一，也比較難掌握，有時

身處其中反而當局者迷，客觀地剖析自己本身也不是容易的事情，但我們可以透過刻意練習逐漸擁有較高的自我認知水準。

　　本章中介紹的個人優勢發掘、人職匹配模型、差異化優勢分析、能力矩陣、用於分析自我的提問法，都是在幫你提升自我認知敏銳度，讓你對自己的能力和未來發展的可能性（也就是潛力）有更清晰的認知。

　　良好的自我認知敏銳度，會讓你的職業和人生的發展加速。瞭解自己的優劣勢，知道自己的邊界所在，知道自己在哪些方面還需要成長，並不斷反覆優化、更新，才有可能在更大範圍內發揮能力、提升影響力。

心智敏銳度

——成長就是能坦然接受複雜

優劣勢分析：

剛進入一家新公司，
如何打造個人品牌

一個人其實就是一個品牌。我們在說誰是一個什麼樣的人時，等於在用一些標籤式的形容詞描述其特點。所以要有意識地打造自己的職場標籤，這樣才能在職場中脫穎而出，被人記住。

每個人都希望根據自己的天賦與優勢來發展職業，用一句話來概括：在某個細分領域判別差異化優勢，這個優勢要與你內心的熱情一致，能帶給你價值。努力把這個優勢打造成你的標籤。

▶ 個人品牌讓你在職場中脫穎而出

在職場中不論是脫穎而出，還是變得不可替代，都需要專業度和時間累積。時間累積的公式是：

成功＝技能—專多能＋適時抓住展現機會

也就是說，做一個在關鍵時刻敢「露臉」的「T」形人才。

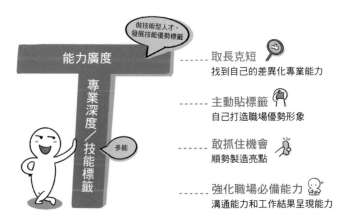

圖 2-1 「T」形人才

「T」的豎線代表專業深度／技能標籤，橫線代表能力廣度。

專業深度／技能標籤的表現分為兩個部分：

1. 典型的具有專業深度的人是指技術型人才，他們有專業優勢、相關資質證書，並在一個領域內深耕多年。在職業發展早期，刻意學習和練習專業技術職位的技能非常重要。

2. 除了做個技術型人才，你還可以在優勢領域發展技能標籤。比如，你的標籤可以是執行力強、演講彙報能力佳、專案管理能力強，甚至是簡報做得好、Excel 用得好等。總之，你要有至少三個技能高於團隊平均水準，這是你的長處。這些技能可以透過第一章講到的有關個人能力發展的重要且緊急矩陣圖來發掘和培養。

能力廣度的表現則是：如果想縮短時間長度，有更高的職業高度，那麼就一定離不開「多能」。除了前面提到的至少發展三種優勢技能，你的其他能力也至少要保持在平均水準，尤其是溝通表達能力、寫作能力、產品思考能力、商業思考能力等這些通用能力，充實「T」的那一橫。

我們來學習與這兩個方向的發展相關的四大關鍵能力。

1. 學會揚長避短，打造自己的差異化專業優勢

如果你是一匹千里馬，想脫穎而出讓伯樂看到你，你就要塑造自己的能力為差異化優勢。

一名職場新晉員工，通常會分為以下幾類。

優秀員工：學習能力強、容錯率高、可塑性強、專業性強。

普通員工：能合理安排時間、工作有激情。

職場小白：不懂規矩、效率低下。

一名有些職場經驗的中年員工，通常會分為以下幾類。

優秀員工：可靠、穩重、經驗豐富、不時創新、專業性強。

普通員工：循規蹈矩、按部就班、有一定的風險預估能力、能獨當一面。

「混日子」員工：麻木、懶惰、油滑、不思進取、得過且過。

專業性強是優秀員工的統一特質。不管新晉員工還是中年員工，每家公司都希望發展有經驗、有潛力、有專業能力的員工。所

以想要脫穎而出，就要找到自己喜歡且擅長的關鍵能力點，不斷精進，將其打造成自己的差異化優勢。

2. 主動貼標籤，自己打造職場的優勢形象

你不主動替自己貼標籤，別人也會毫不客氣地把標籤貼到你身上。我們提到某個人時說他是怎麼樣的，實際上就在描述我們心中對方身上的標籤。

職場新人透過自身努力就能高效摘得的標籤，可能是勤奮上進、好學聰慧、有培養潛力等這種新人專屬的正面標籤。

有一定資歷的職場人士透過自身努力可以有效摘得的標籤，可能是經驗豐富、有創新思維、善於解決問題、可靠、值得信賴等。你要鍛煉自己的這些特質並在工作過程中適時地表現出來。

你要找到自己喜歡、希望別人認可的職場技能標籤，並在日常工作中不斷強化，在實踐中不斷學習總結，時時處處塑造自己專注於某幾個技能標籤的職場形象。時間久了，你的特點就會呈現出來，大家也就記住、認可你了。

3. 敢抓住機會，順勢製造亮點

在職場需要利用一些機會展現自己。這種展現不一定是刻意的，表現慾太強很容易對別人造成威脅，初入職場的年輕人尤其不該這樣。但是，表現慾不強，並不意味著完全不表現，也不是要你在開會時躲在後面一言不發，那樣對你的職業發展一點用處都沒有。

只有透過一些機會爭取更多的關注和認可，才能讓你脫穎而出。

舉個例子，在大家一起開會討論專案的過程中，你可以提前做些功課，找機會發表自己的見解，用積極參與討論的形式與大家進行專業交流，讓自己的聲音被聽到，成為值得被關注的對象之一。在公司開會、培訓時，不要總是躲在後面，適時到前排就座，透過眼神交流、積極互動等方式給他人留下良好的印象，增加自己被關注、被提問、被允許發言的機會。如果剛好有機會讓你進行一次簡短的工作彙報或工作成果展示，不要沒自信地推辭，勇敢地抓住這個機會，好好準備，一定要在內容準備上做到至少有一個與以前不一樣的亮點，藉此引發他人的肯定和關注。準備時的重點是盡量少而精，講得清晰、精彩比講得全面要重要得多，更是不要貪多求全。

4. 無論處於什麼職位，都要強化溝通能力和工作結果呈現能力

不論你對自己的差異化優勢的定位是什麼，你希望自己身上帶有的標籤是什麼，你想抓住的機會是什麼，溝通能力和工作結果呈現能力都是職場人士的必備能力。

在多種場景中都會用到溝通能力。

專案協作或跨部門協作時，你需要與多方協調、溝通，優秀的溝通能力可以為你帶來良好的人際關係和高超的工作效率。

彙報工作時，你需要與上司進行時機正確、氛圍良好、頻率適度的溝通，用這種方式不斷深入你的上司主管對你的認知，強化你在對方心目中的積極標籤等等。

多種場景都會用到工作結果呈現能力。

項目完成後團隊覆盤的過程中，好的結果呈現能力讓你的努力被大家認可。公司評估績效時，好的結果呈現能力、報告能力讓你的績效被關注和認可。對外與客戶交流時，你對項目和項目結果的呈現能力，讓客戶認可你的方案，並達成合作。

▶ 動態分析職位需求與自我能力，彌補差距

時時留意個人能力、自我需求、職位要求、職位回饋這四個方向。想要在職場上脫穎而出，紮實的本領和適時的表現缺一不可。你要不斷展現出你的能力有多麼配得上當下的職位要求。

這四個方向是個人在職業發展過程中必須考慮的。我之前的一個諮詢學員琳達透過跳槽從一名一線執行人員變為一名主管，之後一度深感挫敗。

其實她對自身能力的認知是很清楚的：活動企劃力、溝通能力、執行能力都是她的核心競爭力，也是她脫穎而出的本錢。但是當她真正成為一個市場部主管時，好像並不瞭解企業對一個市場部主管的能力要求。入職後，她發現自己每次述職都在告訴其他人，她在行銷方面的業務能力有多強，但是並沒有呈現出市場部主管需要的能力，管理層和其他負責考評的同事無法評估她的能力，也就沒有給她晉升的機會。

後來她來向我諮詢，我為她做了一套提升計畫，具體如下。

圖 2-2 個人職業發展需要留意的四個方向

瞭解資訊：與上司和 HR 正式溝通，明確確認市場部主管的職位要求。

評估差距：對比自己的能力和目標職位所需能力之間的差距，制定能力提升計畫。

彌補差距：時刻注意企業內的變化趨勢，觀察那些獲得晉升的同事身上都有哪些可借鑒的資訊，不斷學習，精進自己。

憑藉優秀的學習能力和快速調整的能力，半年後她就針對性地提升了自己與市場部主管這個職位相關的能力，並得到了公司和同事的認可。

表 2-1 用我的學員的案例，為大家呈現如何根據職位的要求和

自己的需求進行自我提升與調整，並列出了針對四個方向所做的四種調試方案作為參考。

職業發展的道路有千萬條，選擇和努力同樣重要，針對職位的明確要求有目的地提升，才會讓你事半功倍，將好鋼用在刀刃上。願所有人都能找到自己熱愛的方向，成為一個能為自己興趣而工作，並且能實現內心自由的人。

表 2-1 將個人能力與職位要求相符

方向	方案	做法	舉例
個人能力	有針對性地提升職業能力	• 定目標：設定本階段自己可以達成的恰當目標 • 找差距：透過明確職位要求，列出自己和職位要求的能力差距 • 做計畫：制定清晰的階段性能力提升計劃 • 調結構：透過能力卡片，調整自己的能力結構	小美是心理系大三學生，她想進入 M 單位做諮詢專員，但是缺乏相關經驗，建議她進行下列事項。 ① 先設定一個讓自己不那麼焦慮的目標，大四實習期間，先累積相關經驗。 ② 了解 M 單位培訓專員的職位要求，列出自己和職位的能力差距有哪些。 ③ 透過瞭解諮詢專員的能力要求，根據能力卡片四個區域的能力發掘如何發揮自己的優勢，經過自己的努力，先把優勢發揮到極致、然後反過來彌補劣勢。 ④ 根據自己做過的功課，制訂能力提升計畫。 經過努力，一年後小美畢業，成功進入 M 單位做了諮詢專員。
職位要求	有目的性地明晰職業要求	• 勤溝通：透過與上司和同事的溝通，清晰地瞭解職位的具體要求 • 多觀察：多留意自己以前沒有注意過的職位要求，尤其是隱性要求 • 看趨勢：時刻關注企業和職業的變化趨勢，時時做好準備 • 問導師：盡量尋找優秀者做職業導師，多去諮詢，少走彎路	小濤是公司醫學部的溝通專員。工作一年多了，仍有些不適應，總覺得主管對自己的工作特別不滿意，可是自己明明已經很努力了，是不是能力不足呢？帶著這個疑問，他向公司的 HR 求助。 HR 透過和他溝通發現，他做的事情與職位的要求不夠相符。針對這個情況，HR 給他四個作業。 ① 主動多與主管和同事溝通，看自己對職位要求是不是還有哪裡不理解。 ② 留意職位的隱性要求，比如公司企業文化是不是要求大家多在會議上表達觀點，而不是悶頭做自己的事情。 ③ 留意企業和職業的變化趨勢，一旦工作要求有調整，自己立即跟著做調整。 ④ 在公司內找一個優秀的人做你的導師，定期溝通並學習對方的工作方法等，少走彎路。 小濤聽了 HR 的建議，每一條都很細心地去完成，兩個月後，主管和同事都感受到了他的成長和變化。

方向	方案	做法	舉例
自我需求	主動探尋來滿足個人需求	• 明需求：系統探索職業價值觀，系統瞭解自己對職業的需求 • 找重點：清楚本階段自己需要滿足的 2~3 個最核心的需求 • 調方式：主動調整工作狀態，找到當下滿足需求的方式 • 尋資源：調動自我和企業資源，探索更好地滿足自我的可能	小瑞在一家跨國企業當業務，薪資很高，公司也很不錯，但她總是感覺缺了點什麼。她找了諮詢師溝通。 諮詢師發現她其實是因為不知道自己想要什麼而導致情緒低落。諮詢師首先透過探索她的職業價值觀，發現她最看重的是追求新意、助人，但是目前業務工作的重複和瑣碎讓她覺得很痛苦。諮詢師給了她一些建議：「換個角度看待你的工作，你的工作是有助人性質的，這樣會讓你感覺好很多。同時，調動你和公司的資源，看看是否能夠轉到自己感興趣的職位。」 三個月後，小瑞成功進入了市場部。
職位回饋	想方設法提高個人回饋	• 觀全局：以職業回饋整體（錢、發展空間、情感、平衡等）來計算收益 • 看長遠：看到本職位未來可能帶來的職業回饋 • 先調查：透過職業調查，做出恰當的自我評估 • 再要求：向企業合理地提出新的待遇要求	小森是一家教育機構的培訓主管，最近這段時間他感覺自己的付出與收穫總不成正比，他也花了點時間自我發掘，發現是個人回饋這方面出現了問題，於是他先從全面的角度看了一下現狀，發現疫情期間線上課程工作量顯著增加，而公司目前給的薪資卻沒有變化，低於行業平均水準，但是職位發展空間還不錯，從長遠來看，這個職位還是值得做下去。 綜合考慮，他決定和主管聊聊，提出新的待遇要求和發展想法。

無壓工作：

判斷、分類、重要緊急排序

到了新公司後我很開心，同時也非常忙，有段時間我覺得自己快喘不過氣來了。那時不僅需要在公司辦公室過夜，而且個人精力和意志力被無限占用，感覺沒有結束的時候。混亂中特別容易出錯，重點是我每天都把自己弄得筋疲力盡，長久下去肯定會出更大問題。

如果身處普通職位的你總是感覺自己怎麼比公司總經理還忙，一天到晚忙得幾乎透不過氣，那一定是你的工作方法出了問題。怎樣才能做好工作還能氣定神閒呢？為此我開始深入審視自己的時間安排和工作安排。用了這些好的方法後，我真的徹底做到了工作效率翻倍、業餘時間翻倍。我還把這些方法開發成一系列的「精力管理、時間管理」課程，幫助很多學員解決了「忙、亂、累」的問題。

▶將工作科學分類並處理

我們來看一個案例，看看小美的一天是怎麼過的。

早晨抵達公司後，打開電腦看到堆積的郵件，小美瞬間心累。翻開信箱掃了一遍，先回覆了最容易處理的問題。剩下的郵件小美發現一時似乎解決不了，就暫時擱置，一看時間一小時過去了，她決定休息一下。

之後，小美發現自己在群組裡被標註了好幾次，她挑了簡單的問題回覆，難的問題不知道該怎麼回覆，就擱置了，她滑了一下社群平台和影音平台。一小時後電話響了，小美接起來很快就開始和對方一起吐槽專案。轉眼到了中午，小美象徵性地打開需要做的專案企劃簡報，剛寫了幾句大綱就被同事拉著吃飯去了。午飯後開始跨部門開會，簡報一直打開放在那裡。

已經晚上 8 點多了，小美還在辦公室加班，焦頭爛額地處理一堆表格，手機中通訊軟體不停地閃爍，朋友催促她快點下班一起去吃飯。結果她打開信箱，顯示還有十幾封未處理的郵件，最後期限都是今天或最晚明天。

一天過去了，小美覺得自己好忙，卻發現老闆要的最重要的企劃書和上週的項目報告都沒有寫。就這樣，小美過完了「看似充實、忙碌，實則效率低下、拖拖拉拉」的一天。第二天又因前一天的拖延惡性循環，小美感覺自己每天都沒有閒下來，工作成果卻不盡如人意，情緒瀕臨崩潰。

小美的問題如下。

每天都下意識地讓自己的大腦對將要處理的工作進行「難易程度排序」而不是「重要緊急排序」。她的潛意識始終在挑選那些容易、不需要太費腦筋、不需要太專注就可以完成的工作，這些工作充斥了她每天的時間，尤其是上午非常寶貴的專注工作時間。這導致她在面對非常重要且必須做的工作時，已經沒有保持專注的意志力了。這在客觀上造成小美對真正重要的工作內容的「逃避」。而這些工作債小美遲早要還，積壓久了小美就開始焦慮。

正確的做法如下。

早晨來到公司，忍住回覆簡單郵件和工作群組訊息的衝動，先瀏覽所有未處理郵件，按照本月、本週的工作重點排出優先順序，在上午的黃金時段重點處理比較難、費時間、必須做的重大工作事項。哪怕一上午只完成一半，也是好的。第二天上午可以接著處理這項工作。

當天下午可以集中 1 ～ 2 小時，在注意力不那麼集中的時段，集中回覆簡單、瑣碎的工作內容。這樣，一天下來，小美既有處理重要工作的高效專注時間，也有應對不重要的瑣碎工作的較低效時間，這樣她就不會因拖延重要事情和臨近最後期限了才趕工，導致工作品質下降。日積月累，小美的工作效果會越來越好。

同時，對於事情的重要緊急排序，小美聽了我的如下建議，效率得到大幅提升。想要每天都從容不迫、沒有壓力地工作，最重要的是養成快速分類處理工作的習慣。這個習慣一定要借助日程表來

完成。簡單來說，工作可以分為以下四類。

第一類，任何 2 分鐘內能解決的事情，現在立刻去做。

例如，快速回覆一封郵件說確認，快速回覆一則訊息說沒問題，或者快速打一個電話交代某件事情，等等。這類事情不必記錄在日程表中。

第二類，任何不能馬上完成，需要與別人協作、對接、溝通才能處理的事情，安排在某個集中的時間段處理。

例如，跨部門的一些溝通，與團隊成員跟進項目、瞭解項目進展，向他人尋求幫助，等等。如果這些事情一時無法解決，就安排在當天某個的時間段解決，比如在當天或第二天下午 2 ～ 3 點拿出 1 小時，列出需要和別人檢查、跟進的事項，逐一細緻確認並記錄結果。

第三類，任何不能馬上完成、需要自己專心去做的一次性任務，安排在某個集中的時間段完成。

比如寫一份專案企畫書，做一次工作彙報簡報，進行產品創意設計等，如果預估需要 2 小時完成，可以在日程表裡安排好，比如安排到當天下午 3 ～ 5 點。這段時間將手機靜音，關掉信箱通知，找個安靜的會議室，專心完成這些任務。你可以使用番茄工作法，設置半小時為一個番茄鐘，專注工作 25 分鐘後短暫休息 5 分鐘，之後再進入下一個番茄鐘。

第四類，任何不能馬上完成、需要長期投入和跟進的任務，分解成小的任務塊，然後按照上面三種分類方法處理每個小任務塊。

這套分類方法最大的好處，是可以讓你的大腦清晰地判別不同

類型的任務，做到井然有序，並且有足夠高品質的專注時間去工作。學會之後，你的工作效率會顯著提高。

所以，想要把自己訓練成一個能夠「毫無壓力」地應對高強度工作的職場人，你一定要學會有策略地安排和應對任務，而事情的重要緊急排序絕對值得你每天投入精力和時間去思考。

史蒂芬・柯維在他的著作《與成功有約：高效能人士的七個習慣》裡提出了「要事第一」這個習慣。要想提高工作效率，首先要把事情按重要性和緊急程度分成「重要／不緊急、重要／緊急、不重要／緊急、不重要／不緊急」這四類。然後，每天需要用大部分的時間來做那些「重要＋不緊急」或「重要＋緊急」的任務，如此日積月累，「緊急」的任務就會越來越少，而「不重要」的任務則可以授權給他人或直接從任務清單中刪除，這樣你的效率就會大幅提升！

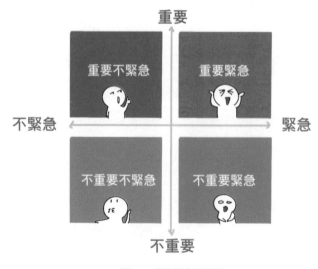

圖 2-3 重要緊急矩陣圖

先判斷哪些是重要的事情。那些對未來影響更深、更遠的事情，對其他任務有巨大影響的事情，具有複利效應的事情，都屬於重要的事情。你可能聽過很多關於職場任務的總結、分析和應對方式，在我看來，有 3 類任務是非常具有戰略價值的，持續挑選出它們並始終致力於把它們做好，對你的長期複利成長會非常有價值。你需要把它們從眾多工中挑選出來重點對待，讓它們成為你每天的工作重心，具體怎麼判別和挑選它們會在本章第四節分享。

辨別出重要任務之後，可以應用「重要緊急矩陣圖」精簡並管理自己的任務，聚焦注意力。

這裡要強調一下，同時進行著多個程式，齊頭並進、多執行緒處理工作的方式，並不是「高效」的表現，這種方式會讓你的大腦在不同的任務之間來回切換，非常消耗注意力和意志力。長此以往，還會造成專注力下降、專注持續時間短、無法深度思考等問題。大腦的注意力在同一時刻只能聚焦在一項任務上。因此，即使要處理多個任務，也要一件一件去做。任務再多，也需要排列成一個有序佇列逐一專心執行，這樣才能將效率最大化。只有專注才能帶來持續的複利累積。

具體可以進行下列做法。

1. 梳理任務順序

想讓任務變得有序，首先要熟練地對任務分類管理。如果有興趣可以去讀著名時間管理大師大衛・艾倫（David Allen）的著作《搞

定！：工作效率大師教你事情再多照樣做好的搞定 5 步驟》（Getting Things Done），書中提出的一套「行動硬碟」式的任務管理方法十分好用。

2. 列出任務清單

我通常用表格做自己的任務清單管理，分類記錄事情，具體的做法是在一個表格（每週管理）與日程表（每日管理）中，按照事情的重要緊急象限標注不同顏色。表格的表頭可以設計為：事件、重要性排序、緊急性排序、時間表、進展。重要緊急性可以用不同顏色來標注，這樣一目了然。每週、每月都整理更新一次表格，必要時甚至每天更新一次。重點是重新梳理重要緊急排序，把握進度。

3. 使用日程表安排每日事項

每天早晨做計畫，每天下午回頭檢視。做計畫的重點是將事情分類、預估具體的完成時間，並將其列入當天的日程。

可以參考表 2-2 進行每日工作安排。

按順序逐個專心完成任務清單上的事項，會立竿見影地提升效率，這項技能是每個職場人必須學會並熟練運用的。同時，注意在每天下班前檢視，檢視的重點是審視當天的進度，評估自己預估的完成時間的合理性，以便優化第二天的日程表。

表 2-2 每日工作安排範例

任務	一	二	三
當日任務目標	寫一份市場推廣計劃，週五下班前完成	廣告推廣項目跟進，每週定期跟進	打電話給客戶
需要協調的資源／合作的人	自己及市場調研組	其他兩位項目成員	自己一個人完成
預計完成時長	2 小時	半小時	10 分鐘
具體哪個時段去做	下午 2：00 ~3：30	中午 11：00~12：30 在群組	下午 5：30~6：00
具體怎麼做	分三步：列出簡報故事線；畫出思維導讀大綱；做簡報	在群組中詢問進度，對照審核表查看是否達到要求	例行電話跟進，詢問客戶的使用體驗
備註	今天先列出故事線，細節內容明天補充	留意沒達到進度的部分，做跟進計畫	如果客戶表示體驗好，約定面談拜訪時間；如果客戶表示體驗不好，詳細詢問並記錄問題，第二天及時回饋

▶ 做好時間和精力管理，在高精力時段使用專注策略

要充分利用高精力時段，專注於「主要任務」。

找到你一天中效率最高的時間段，比如大腦創造力、專注力最高的兩段工作區（8 ～ 12 點；15 ～ 18 點），記憶力最強的兩段學習區間（6 ～ 9 點；20 ～ 22 點），把最重要的工作及學習任務安排在這段時間內，逐件專注執行。要注意以下幾點操作。

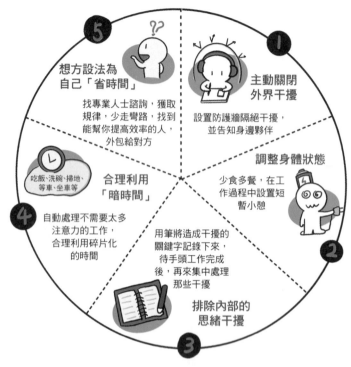

圖 2-4 讓你專注於「主要任務」的五個方法

1. 主動隔絕外界干擾

　　專注力從 0 到 1 的冷開機，非常消耗意志力，一旦被打斷，想要再次進入會非常困難，效率也必然大打折扣。因此你需要為這段時間設置防護牆。建議你關閉一切通知類的提醒，帶上降噪耳機，與外界隔絕。並且，請身邊的夥伴在這段時間內不要打擾你，有事之後再說。創造不受打擾的環境，讓自己保持專注。

2. 調整身體狀態

　　注意力就像手機電池，一天能用的總量固定，為了讓自己全天都能有電，你要做好電池管理，充電、省電合理搭配，比如你可以：少食多餐，保持血糖穩定，讓大腦始終供血、供氧充足，思維活躍；在工作過程中設置短暫的小憩，比如專注工作 1 小時，休息 5 ～ 10 分鐘。注意：休息時不能做滑手機等占據注意力的事，應該做能讓你放空大腦、休息眼睛的事，比如發呆、冥想、眺望遠方、去茶水間喝茶、聽輕音樂、閉目養神等。

3. 排除內部的思緒干擾

　　當大腦中有一些未處理事項或情緒不自覺地跳出來干擾你時，快速用筆將造成干擾的關鍵字記錄下來。透過這個記錄過程，將事件從大腦中清除，這樣等於在用「外部記憶體」——便條紙，暫時儲存那些等待解決的問題（同樣也可以用這個方法平復情緒）。快速記錄完後，立刻回到專注於當下的狀態。等手頭工作完成之後，再集中處理那些干擾。

4. 合理利用「暗時間」

　　每天我們的大腦處在「自動駕駛」狀態的時間非常非常多，這些時間也被稱為暗時間，用於完成吃飯、刷碗、掃地、等車、坐車、洗澡、刷牙、上廁所等簡單任務。完成這些任務不需要太多思考和注意力。在這些時間段內你的大腦完全有空可以做其他事。

比如：可以一邊坐地鐵，一邊回覆簡單的信件，用通訊軟體處理與同事協作完成的任務；可以一邊吃午飯，一邊聽一節音訊課程；可以一邊洗碗筷，一邊把明天會議中要提出的方案在大腦中回顧一遍；可以一邊上廁所，一邊在社群上發文，或者問候朋友，與朋友保持聯繫，為你們的「感情帳戶」存上一筆。

把這些碎片化的時間利用起來，你的效率又能上升一個大臺階。

5. 想方設法為自己「省時間」

你可以找專業人士諮詢，獲取規律，少走彎路。比如你想發展副業，但一時又找不到合適的副業，那麼你除了自己花時間試錯，還可以諮詢專家，「購買」他們的經驗技巧，節約用於摸索的時間。

你還可以找能幫你提高效率的人，把工作「外包」給對方。比如，你需要一份近半年某疾病領域所有生物製劑產品的療效的資料分析，這份資料能說明你做一個重大決定，但做這件事估計需要 2 天時間，耗時漫長並且你有更重要的其他事要做，此時你就可以把這個任務交給其他人，「購買」對方的時間，提高你的整體效率。

總之，每天留出足夠的專注工作時間，按照梳理出來的重要緊急排序逐個完成工作，不用一個月，你就會感到效率和產量大大提高，成就感和掌控感也會隨之增加。

等待機會：

尋找職位勝任模式，
制定個人才能手冊

　　每個人在職業發展過程中都會有一些「空閒期」，此時正適合進行深入思考。在第二家公司工作時，隨著我的任務處理能力和時間管理能力越來越強，加上離新產品上市還有一段時間，工作量並不大，因此我可以有些閒置時間了。如果效率夠高，我基本每天都能省出 2 小時，這些時間用來做點什麼好呢？

　　我做了三件事。

　　第一件，提升自己某幾個具體的可遷移的能力，比如溝通、表達能力，為未來的職業發展做好準備。

　　第二件，制定自己的個人才能手冊，並進行「無需求面試」，時刻準備迎接新機會。

　　第三件，探索、學習與副業相關的知識與技能，為日後發展副業做

準備。

　　關於第三件事發展副業，其與人生整體規劃相關，限於本書的篇幅，這裡不做過多闡述。本節重點與大家分享在職業「空閒期」，我的第一和第二件事是怎麼做的，如何抓住空閒期精進個人能力。

▶ 空閒期「表達」訓練不能閒：
在衣食住行中訓練思考與表達能力

　　除了提升業務能力，我在工作中發現自己的溝通、表達能力也需要進一步提高，因為那時經常需要帶領團隊在會議上發言，所以我的輸出和表達需要更有結構，怎麼才能快速鍛煉出相關能力呢？我曾經在社交平台上分享過一套按讚數很高的訓練方法，這裡整理出來，分享給大家。

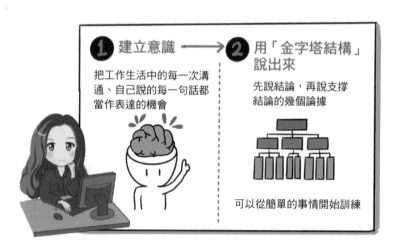

圖 2-5 兩個步驟刻意練習你的思考和表達

表達能力需要刻意練習，如何讓自己不斷刻意練習呢？衣食住行都是機會。你要能把一天睡覺之外的衣食住行等日常活動都「轉變」成「表達」的機會，如果你做到了，等於你一天有十幾小時都在訓練思考和表達，那樣你還會不厲害嗎？

第一步：建立意識，把工作生活中的每一次溝通、自己說的每一句話都當作表達的機會

每次只要自己開口，不管和什麼人、說什麼話，即使是特別簡單地與朋友聊天、去店裡購物等，都當作表達的機會，有意識地要求自己盡量條理清晰、邏輯清楚地把自己要表達的內容說出來。即使只是和朋友聊一個很簡單的事情，看了一則新聞想與別人分享。

說之前先想一想怎麼說、說哪些話，哪些詞能充分體現自己的想法、觀點、感受，怎麼說最清楚。總之，只要張口說話，你就把它當作一次「訓練表達」的機會，有意識地訓練自己。

第二步：用「金字塔結構」說出來

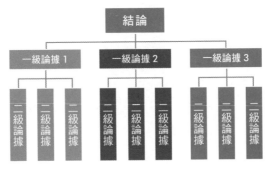

圖 2-6 金字塔結構

從圖 2-6 中可以看到，表達時要先說結論，再說支撐結論的幾個論據，可以按照具體要表達的事情，根據時間、空間、人物關係、重要性或不同角度等對論據進行排序。說完一級論據，如果對方還有問題，再補充說明二級論據。

可以從簡單的事情開始訓練。比如，你想分享一則關於某種疾病治療領域新進展的新聞給朋友，以往是直接給連結，一句話都不說讓對方點開連結看。最多說一句：看，某領域有新進展了。而現在，為了創造機會訓練你的表達能力，你可以在分享連結給朋友的同時附上自己的解讀，用 4～5 句話，按金字塔結構表達清楚。

第 1 句，總結論：發表在某媒體上的這篇文章顯示，某疾病的治療有新進展了，一種新的藥物有可能成為治療這類疾病的潛力股。

第 2～4 句，分論據（解釋你的結論）：這是一個被研製用於某疾病的新藥，臨床前動物試驗資料顯示此藥療效較好；這篇文章闡述了該藥物用在臨床上多少個病例的試驗研究，證實這類藥物對人體的療效也是值得肯定的。當然，長期的關於安全性的資料，有待進一步臨床研究觀察。

這樣的結構化表達，讓外行也能聽懂。因為你把新聞按邏輯拆解，朋友不用打開這個連結就可以瞭解核心資訊。將資訊歸納、總結和加工，方便別人快速接收，你的表達就是到位的。

你要抓住一切機會反覆練習這種表達方式。剛開始也許有些痛苦，因為要改變以前的溝通方式，用全新的方式進行結構化表達，透過簡短的幾句話把資訊說清楚。你需要先建立這種表達意識，進

而養成這種表達習慣。

當你的大腦習慣了這種表達方式後，你會驚喜地發現，周圍的人更願意聽你說話了，因為你講什麼都明白、清楚、簡潔、有條理。

▶ 制定個人才能手冊：無職缺招聘與無需求面試

相信很多人都有過這樣的尷尬遭遇：覺得工作得很舒服時，沒有找工作的想法，忽然有一天著急換工作了，卻發現連做履歷和準備面試的時間都沒有，也沒有時間深入反思、梳理過往，只能倉皇失措又跌跌撞撞地進入下一家公司。這顯然不是理智的選擇。

人力資源領域「無職缺招聘」一詞，是指企業在還沒有合適的職位空出來時，可以先到人才市場上看一看，有哪些具有潛力的人才可以放在人才庫裡，未來需要時再去招聘，以提高效率。這就類似於我們在網上購物，看到一些感興趣但是目前不急需的商品，先「收藏」，以後需要時直接下單。

同理可得，員工自己也可以做類似的練習，我把它稱為無需求面試。

我們要把找工作面試「常態化」，不要等到需要找工作時才整理履歷、準備面試，而要隨時做好找工作和面試的準備。簡單來說，可以每半年或每季給自己一次投履歷和面試的機會，這樣做有以下兩個好處。

第一，透過準備履歷，讓自己仔細梳理過去幾個月的能力提升和學

習成長的情況，這是一個提升自我認知的過程。

第二，透過頻繁面試訓練思考和回答問題的能力。這樣你會更加關注面試官提出的問題和提問的角度，回頭檢視自己的優勢和劣勢，為以後真正需要找工作時的面試預演。

具體可以分三個步驟來梳理能力：列表、論證、選擇標籤。

第一步：列表

用表格列出在過去半年中，你對以下三個話題的思考。

1. 習得了哪些新技能。

2. 增長了哪些經驗。

3. 刷新了哪些認知。

在每個話題下面寫出三點即可。如果覺得成長之處很多，那就挑出你認為成長得最快、最有價值的三點。

第二步：論證

根據每個話題列出的三點做一個簡報，證明這個話題的「結論」。我在下文中以第一個話題為例說明簡報的邏輯結構。

1. 過去半年我習得了快速寫文案、當眾演講不怯場、快速檢索有效資訊這三項能力。

2. 如果滿分 100 分，我以前每項能力都不及格，現在我可以分別給自己打 75 分、80 分、90 分。

3. 第一項能力，快速寫文案。具體案例：哪年、哪月、哪日進行了什麼樣的行為或通過了什麼樣的考驗，得到了什麼樣的好評，有哪些可量化的評估指標。比如這半年寫了多少篇文章，有多少按讚、分享、留言、引用等。

4. 第二項能力，當眾演講不怯場。具體案例：用某時、某地、具體人物的方法對案例發表評價並詳述原因，同時加入可量化的評估指標。比如進行了幾場公開演講或工作彙報，獲得的好評或獎項等，以此證明這個論點。

5. 第三項能力，快速檢索有效資訊。具體案例，運用量化指標的方法和上幾項類似，這裡不再贅述。

第三步：選擇標籤

要在上述論據裡根據能力選擇一個「標籤」，你可以詢問周遭的人，看看他們對你這方面能力的回饋，是否覺得你有很大提升？如果是這樣，那你就可以繼續發展這個能力，同時「有意創造機會」表現這個能力，讓其成為一個「標籤」，加強別人對你這方面能力的認可。

那麼，要用什麼心態應對面試呢？很簡單，就是把面試官當成練習對象，把面試結果當成可以提升自己的回饋。只留意對方問了什麼問題，自己是怎麼回答的，然後回頭檢視，你可以問自己如下問題。

1. 自己的回答好在哪裡，下次同類問題是否可以答得更有邏輯、更全面？

2. 自己的回答不好在哪裡，應如何改善，以後可以怎樣回答。

3. 在網路上搜尋類似問題的回答建議，提升自己在解決這類問題方面的框架思維能力和表達能力。慢慢地，這類問題就會成為你「擅長」解決的問題。

這個過程中具體要怎麼應對面試呢？準備面試時需要有章法，有一個很好用的方法是應用 STAR 原則準備案例，證明你的能力。

S 代表 Situation，即說明當時的情況是怎樣的、困難是什麼。

T 代表 Target，即你的目標是什麼、要解決的問題是什麼。

A 代表 Action，即你具體採取了什麼行動、與什麼人合作。

R 代表 Result，即你最後得到了什麼結果。

把想在履歷中表現的每個能力特質，都用一個 STAR 案例展現。你可以按 STAR 原則準備三個自己的真實案例，反覆修正案例直到能脫口而出。

這三個案例各有側重。

第一個案例，要能說明你身上最大的特質，比如執行力強、勤奮、有創意、合作度高等。

第二個案例，要能說明你所秉承的價值觀，比如客戶至上、效率第一等。

第三個案例，要能說明你身上曾經發生什麼樣的改變，比如以前得過且過，後來目標清晰、行動力強等。

這三個案例是讓面試官不斷追問「為什麼」的素材，也會讓其對你留下深刻印象。

　　舉個例子，你想說明「我是個很自律的人」。那你可以對面試官說：「過去一年，我努力提升自己的寫作效率，透過在網路平台上寫文章每天檢視，我要求自己每天至少寫出 50 個字，我持續了一年半，寫作已成為我的一種習慣。」這是一個故事，而且很有說服力。這就是面試的章法。

　　職場中，千萬不要只顧低頭趕路，把自己埋在細碎庶務工作中，那樣會成長得非常慢。你要經常抬頭望向遠方，讓自己有不一樣的思路與視野。

快速成長：

加速提升個人核心技能的方法

我一直建議大家在工作和生活中養成從萬事萬物中發現規律、建立模式的思考習慣。我把一個人的學習成長方式總結為以下兩種。

一是從自己的經驗中學習，在接觸和體驗萬事萬物的過程中建立自己認識世界的認知模式，然後用這個模式理解世界、預測世界。也就是分為：

經驗、體驗——歸納規律——建立認知模式——用認知模式理解世界——用認知模式預測未來、指導行動。

二是從他人的經驗中學習，對他人的經驗，即其模式程式碼，進行判別、建構，並透過刻意練習將這套程式碼植入自己的系統。

那麼，該具體怎麼做呢？

▶ 學會替自己換程式碼

人腦在某種意義上其實與電腦相似。如果以電腦為喻,那麼人和人的不同之處在於,面對同樣的場景時,不同的人用不同的程式和程式碼處理問題。你想成為更優秀的人,就要去發現、理解這些人的程式和程式碼。

想為每件事都建立一個科學的模式,你就要更注意觀察和總結。有些事情你只需要觀察一兩次就可以總結出規律,有些則需要觀察八次十次甚至更多次。在事情發生後,一定不要想當然地得出結論,而要不斷地問為什麼,尋找規律,刻意練習。

比如,情緒化的問題就可以用換程式碼的方式解決:你想要駕馭情緒,但是你發現自己平時特別情緒化,遇到一點被否定或被質疑的情況,就忍不住火冒三丈,而你旁邊的同事卻總是很從容。也許你會說,兩個人性格不同,但我想說,性格也只是一種為人處世的習慣。

如果把同事視作一個與你運行不同程式和程式碼的「電腦」,觀察對方被質疑時的反應,你發現他依然泰然自若,保持微笑,而且言語不卑不亢。

實際和他聊一下你就會發現,剛入職場時他也比較敏感、易激惹,幾年過後他慢慢訓練出了比較平和的處理方式。他控制情緒的過程是,他首先意識到自己產生情緒了,這類似於檢測到系統中有一個病毒,然後他開始有意識地用先控制表情、再控制動作的方

法，盡量讓自己不呈現情緒激動的狀態——儘管他的內心還是有波瀾的。接下來，他開始嘗試用不那麼激動的語氣解釋事情的原因，或者坐下來分析對方的質疑有沒有道理。

他發現，大多數時候很多質疑之所以出現，其實是因為對方不瞭解情況，或者是因為他自己沒有提前把背景材料補充完備。當他把情況說清楚之後，對方的質疑就消失了。少數情況是他的確做錯了，那他就回頭檢視，盡量讓自己下次不再犯類似錯誤。

一開始他也很難控制情緒，但是練習的次數多了，久而久之，這種面對質疑時的「從容反應」便成了他的習慣，成了他處理類似事件的程式碼。

你可以嘗試在因質疑聲情緒激動時，用大量的刻意練習盡量化解情緒，直到它變成你的程式碼，這就是在改變自己的習慣。只要你能掌握這套程式碼，隨時檢測程式，隨時更改程式，你就可以變成你想成為的任何可以「駕馭情緒」的人。

所以，對於任何人、任何事情，只要你找到這套程式碼的幾個操作方式，並刻意練習，終有一天你會掌握這套程式碼。但如果不做自我覺察和自我監測，你經歷得再多，程式碼仍一成不變，你的能力和習慣也不會變，自然也就無法實現自我突破，不會成為一個更優秀的人。沒有「換程式碼」的意識，你就會一直局限在舊的認知模式裡。

成長其實就是一個更改人的思考和行為習慣的過程，我們經常說的領導能力、聯想能力、創意能力，只不過是一些思維習慣。只

要你願意換程式碼，然後不斷刻意練習；只要你能夠找到合適的人，對對方相應的好習慣進行結構分析，將習慣變成程式碼和操作步驟，安裝到自己身上，你就能成為那樣的人，一直這樣，你可以成為你想成為的任何人，快速成長也就實現了。

▶ 我的快速成長

　　我就是在第二家公司工作、學習的過程中，有意識地不斷用外察和內觀提升自己，因此獲得了成長。這種成長不僅帶來工作能力的增強、效率的提高、人際環境的改善，更重要的是讓我的思維複雜性增強了，決策水準也提高了。就像開車換擋一樣，快速成長前我都是在 2 檔、3 檔的狀態下開車，速度有上限；而快速成長後我能在 4 檔、5 檔的狀態下一直提高速度，讓未來的成長有了加速度。

　　我的做法是在成長過程中不斷地審視自己，只做對成長有利的事情，盡量不做與成長無關的重複性工作，同時不斷總結那些對成長有利的事情。

　　做哪些類別的事情對成長有利呢？你需要有策略地挑選。我們可以把日常我們要完成的所有任務大致分成兩類：打造類任務和運營管理類任務。其中，運營管理類任務又分為推動增長的運營管理類任務和消除風險的運營管理類任務。

第一類：打造類任務

所謂打造類任務，就是那些從 0 到 1 的任務。是你要「開啟或建造」某個「系統或專案」的任務。它可以是建設一棟樓，替房屋做一次裝潢，打造一團隊，設計一款產品，還可以是建立自己的知識體系，建立自己的社交圈，做自己的人生規劃，等等。

每個打造類任務都有其相應的目的價值和意義。

打造類任務的重點是把核心框架剝離出來。表 2-3 展現了這個核心框架從下到上的四個層面。

表 2-3 打造類任務的四個層面

打造類任務的四個層面	執行順序	重要程度	每一層的作用
外觀美化層	4	★	是否好看？最上方的這層是美化的部分，比如商場的外牆設計、內部裝潢、布置的視覺樣式等，這是對方最能直接感受到的部分。
實體框架層	3	★★	這個產品長什麼樣子？從這裡開始就是用戶能直接感觸到的部分，比如家裡的實體鋼結構、水泥牆、房間隔牆分區、水電等，這個層面相當於未裝修的毛坯房。
結構系統層	2	★★★	相互之間有什麼關係？有了這些內容，現在該如何把它們互相連接起來，組成一個完整的系統？這時你就需要對整個系統進行功能佈局、結構設計，然後做出設計圖、施工圖，圖中應可以清晰地看出各部分的聯繫。
模組範圍層	1	★★★	這個系統中需要什麼，不需要什麼？比如你家裡要裝修，家裡需要分為哪些部分，如臥室、書房、功能房、廚房、衛生間、客廳、活動區、儲物區等。

這個就是打造類任務的四個層面，它們層層遞進，執行順序越靠前的層面越重要，執行順序決定了我們對該任務的資源和精力的投入程度。比如，「模組範圍層」是最底層的任務，一旦在模組範圍劃定方面出錯，後面的努力都要推倒重來；而「外觀美化層」的重要程度則比起其他層面低得多，外觀帶來的直觀感受雖然最強烈，但外觀對最終的成敗和任務價值的影響卻最小。

　　以我常做的新產品的上市籌備為例，新產品的「上市籌備」就是一個打造類任務，要從零開始打造一場完美的推廣。你需要重點跟進的任務是什麼？

　　首先，在開始進行任務之前，你要想好設定怎樣的目標和意義，也就是完成產品的策略布局。

　　在這一層，我會思考這個產品能解決哪個治療領域的什麼問題，公司股東對這個產品的期望值和要求是什麼，這個治療領域內未滿足的治療需求是什麼，這個產品與本領域內的其他競品相比，差異化優勢在哪裡，這個產品未來 5 年的發展定位是什麼，等等。

　　這些內容看上去很「虛」，卻是整個產品上市籌備過程的基石，如果在這個階段大家無法達成共識或出現判斷錯誤，後期就會有無止境的修改、重來。因此，深入挖掘領域需求和客戶需求（內外部需求都包括），對產品的定位達成共識，是你最重要的任務。

　　其次，開始整個打造類任務的四個層面。

　　從模組範圍層開始：為了實現目標，你需要放入哪些「要素」，有哪些策略必做事項，分別要達到什麼目的，每個方面需要包含哪

些步驟，等等。

　　準備好了目標、意義和第一層，整個新產品的上市籌備就不會偏離路線，接下來，你可以繼續打造其他層面，打造的方式可以是自己做，也可以是授權給他人或與他人合作。

　　1. 把「結構系統層」分包給上市新產品涉及的各部門相應的負責人，讓他們幫你把這些人、事、物串聯起來，形成一個行銷活動的骨架。

　　2. 把「實體框架層」分包給活動設計供應商，讓他們把所有的環節串聯起來，變成一整套連貫的、步驟清晰的上市活動計畫。

　　3. 把「外觀美化層」分包給廣告商，讓他們優化各個環節的設計、表現形式、客戶體驗等。

　　這樣，在整個過程中，你需要參與的細節會大大減少，卻又能盡可能地確保上市籌備的品質。這個框架確保了上市籌備方案是接近完美的，按照這個框架去執行，通常可以打造堪稱完美的上市籌備。

第二類：運營管理類任務

　　如果說打造類任務是從 0 到 1 建設一個系統，那麼運營管理類任務就是保證這個系統能正常運行並不斷優化。比如，App 上線後的技術維護、用戶經營、行銷推廣，公司的日常管理、財務、人事等，都是這類任務。

　　首先，介紹推動增長的運營管理類任務。

　　影響這類運營任務的因素很多，你需要剖析整個任務，尋找運營的關鍵。舉個例子，你想運營一個學習訓練營，那就需要把一家

學習訓練營日常運營的主要部分簡化成一個由各個步驟組成的流程，順著流程你自然可以看到推動增長的關鍵。比如這個學習訓練營的核心目標是透過不斷推出新的線上課程產品來盈利，而盈利需要不斷增長的客戶量，因此整個系統應該圍繞「客戶量」來搭建，所有工作都應圍繞它展開。

在這個案例中，「產品品質」和「宣傳量」能與「客戶量」形成正增長循環。提升產品品質，讓來過的人都說好，口碑越來越好，就會吸引更多的人注意；宣傳量越大，訓練營的知名度就越高，就會吸引更多的人購買；購買的人越多，訓練營的現金流越大，就可以不斷做更多的宣傳，形成一個良性循環。

總之，你可以不斷找出系統中的「促進增長與成功的因素」並想辦法重複、優化。比如改善產品細節、提高產品品質、將產品內容系列化、打造適合不同人群的矩陣等，同時與多個平臺合作，不斷展示學員的好評，加大推廣和宣傳力度，讓你的知名度不斷提升。

其次，介紹消除風險的運營管理類任務。

前文提到的例子裡的風險因素就是「產品品質下降」。產品品質下降，使用者口碑就會變差，客戶流失也會變多。如果放任「風險因素」不管，持續加大宣傳力度或快速擴張，就會帶來更多的負面評價，導致口碑進一步下跌，客戶流失更加嚴重；而客戶量減少會使收益下降，企業也就沒有足夠的資金做推廣和宣傳，知名度也會隨之下降，這又導致獲取新客越來越難，收入繼續銳減，進而走入一個惡性循環。

想要避免陷入惡性循環，就要做好消除風險的運營管理類任務。比如，你可以改善使用者群的運營模式，劃分出高端客戶群、中低端客戶群等，建立分層、分群管理客戶的機制，服務擁有不同付費意願和要求的客戶；強化品控，優化流程，用統一的 SOP 進行監管。風險管控非常重要，提前排查，防患於未然，避免你總處於救火的狀態。

在成長過程中，你如果想要快速成長，就需要投入精力判斷並有品質地完成以上兩大類任務，並在完成過程中持續思考、鍛煉能力。

我在這裡簡單列舉了日常工作中各種具體任務分別對應上述哪一類任務，大家可以對號入座（見表 2-4），而在這之外的任務多是重複性的，不會有太多增長價值，盡量不要花太多的精力和心力去做。

表 2-4 日常工作任務分類舉例

打造類任務	推動增長的運營管理類任務	消除風險的運營管理類任務
設計市場行銷方案	設計增長銷量的活動	定期檢視工作方法
寫月度、年度工作總結	優化流程	持續健身
做自己的職業生涯規劃	提高團隊效率	養成學習的習慣，與時俱進
做一份宣傳企劃	既往專案的經驗總結	既往專案的經驗總結

心智敏銳度：

站在不同角度思考問題，從容面對複雜和不明確的事態

心智敏銳度是學習敏銳度中的一個重要方向，擁有良好心智敏銳度的人會有如下表現（見圖 2-7）。

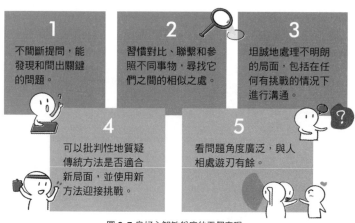

1
不間斷提問，能發現和問出關鍵的問題。

2
習慣對比、聯繫和參照不同事物，尋找它們之間的相似之處。

3
坦誠地處理不明朗的局面，包括在任何有挑戰的情況下進行溝通。

4
可以批判性地質疑傳統方法是否適合新局面，並使用新方法迎接挑戰。

5
看問題角度廣泛，與人相處遊刃有餘。

圖 2-7 良好心智敏銳度的五個表現

通常將心智敏銳度分為較低、典型、較高、過度四個層次（見圖 2-8）。

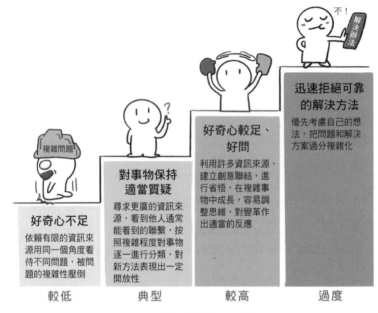

好奇心不足
依賴有限的資訊來源用同一個角度看待不同問題，被問題的複雜性壓倒

對事物保持適當質疑
尋求更廣的資訊來源，看到他人通常能看到的聯繫，按照複雜程度對事物逐一進行分類，對新方法表現出一定開放性

好奇心較足、好問
利用許多資訊來源，建立創意聯結，進行省悟，在複雜事物中成長，容易調整思維，對變革作出適當的反應

迅速拒絕可靠的解決方法
優先考慮自己的想法，把問題和解決方案過分複雜化

較低　　　典型　　　較高　　　過度

圖 2-8 心智敏銳度的四個層次

我們在職業發展過程中要追求的，是讓自己的心智敏銳度達到如下狀態：能接受世界的多元和複雜，腦中可以同時接納兩種截然不同的觀點並依然保持正常行事的能力；對事物保持適當的批判性，傾向於搜尋和利用來源更廣的資訊幫助自己做出判斷、判別複雜事物中的規律，並對意外的變化做出適當的反應。心智敏銳度也表現在這個人是否在思考方式或心智上更喜歡拓展、更有好奇心、更不懼複雜，而不是簡單地說這個人智商高不高，是否聰明。

那麼如何提升心智敏銳度呢？你需要不斷地刻意練習。要創造機會多做上述的打造類任務、運營管理類任務，勇於嘗試新事物。凡事不要理所當然，要多問問題，勇於拋棄舊觀念，參與思考業務和模組的過程。你要在大腦中搭建自己的知識體系和認知模式，將新知識與舊知識連結起來，提升自己在模糊認知下做明確決策的能力，等等。

　　認知，是指對收集到的資訊進行處理，像分析官一樣思考，評估各種選項；決策，是指在各種選項面前，像指揮官一樣做出最終選擇。

　　模糊認知，是指在分析選項的階段，先不急於做非黑即白、非對即錯的判斷，而是保持一定模糊度，彷彿正透過毛玻璃看事物。明確決策，是指我們在做最終決定時，必須有一個黑白分明的選擇，不能模稜兩可。

　　心智敏銳度低的人無法接受事物過於複雜，也很難全方位思考，這類人容易犯的錯誤就是在認知上非黑即白，在決策階段反而猶豫不決。

　　心智敏銳度高的人則恰恰相反，他們對事物複雜性的接納程度很高，更容易全方位思考，不過度注意不重要的細節，因此即使在認知階段保持模糊度廣納資訊，他們依然可以根據最重要的考慮因素，在決策階段果斷做出更合理的選擇。

　　模糊認知的底層是機率思維。不管你的某個信念多麼堅定，都要在信念前面加上一個機率數值。在模糊認知下，可信度加權和決策平衡清單可以幫助你做正確的決策，使用這些方法是心智敏銳度

高的表現之一。厲害的人做的選擇通常成功率更高，因為他們應用了機率思維和可信度加權。他們具體是怎麼做的？

「加權」即「乘以權重」，比如，要開一個家庭會議，內容是表態要不要讓孩子去補習，這時每個人的意見權重不一樣，可能媽媽的權重是 30%，爸爸的權重是 30%，爺爺奶奶的權重是 20%，孩子的權重是 20%。

不同權重代表不同的人在決策過程中的重要程度。這個邏輯其實很簡單，但應用卻很廣泛。

此外，還可以用決策平衡清單（見表 2-5），這是一種量化看重程度的決策方法，即針對你要做的選擇，按照你看重的方向設定幾個決策選項並評分，根據分數高低來對比每個決策的優劣。

比如，現在有兩個工作機會擺在學員小孟面前，他需要做出選擇。這時他可以利用決策平衡清單分四步完成這個決策。

第一步，列出可能的選項，並確定方向。列出你在找工作這件事上看重的所有因素。

第二步，為每個方向都設定一個權重分。根據你看重的程度為每個方向評分，最低 0 分，最高 10 分。

第三步，為每個選項在各方向打基本分。基本分的分值範圍是 0 ～ 10。

第四步，計算總分。用每個選項各方向的基本分，乘以各方向的權重分，就是該方向下的加權分，然後把每個選項下各個方向的加權分加起來，就是每個選項的總分。

表 2-5 決策平衡單（空白表單）

	方向 1	方向 2	方向 3	……	總分
權重分（1~10分）					
選項 1　基本分					
加權分					
選項 2　基本分					
加權分					
……					

經過這四步，在決定要選哪個工作這件事上，我們就填出了一個完整的決策平衡清單，要選哪個工作也一目了然。得分更高的選項，基本上就是你的選擇（見表 2-6）。

表 2-6 決策平衡單（舉例）

	層面 1 成就感	層面 2 挑戰性	層面 3 經濟收入	層面 4 離家近	總分
權重分（1~10分）	9	7	7	5	
選項 1（工作 1）　基本分	8	4	8	4	
加權分	72	28	56	20	176
選項 2（工作 2）　基本分	5	7	6	7	
加權分	45	49	42	35	171

面對不確定性，我們只有接納其存在，去測量它的模糊度數值，才可能向真理更近一步。模糊認知，就是開放地考慮各個層面的選項，並賦予權重。明確決策，就是根據計算結果，給出清晰、果斷的選擇。

　　所以，我們可以使用決策平衡單為自己打造一個專家意見團，在充滿不確定性的複雜決策面前，判斷優劣。在現實中，我們要敢面對複雜的情境決策，不斷提升心智敏銳度，讓正確、科學的決策不斷助我們描繪新的人生畫卷。

人際敏銳度

——找對人、說對話、做對事

第一節

適應變化：

洞察力是對人、對規律的辨識力

在第二家公司裡，我最需要解決的問題是適應變化，以更好地生存和發展。三年裡我換了四任主管，每一任主管都有各自的做事風格和定位。

每一任主管的離開或調任都意味著我要立刻轉換自己的「頻道」，重新進行梳理和觀察。

▶ 人人都要有洞察力培養意識

應徵我進公司的主管在我入職不到 2 個月後就離開了，具體原因不詳。

那時對我們這些「職場小員工」來說，高階主管人員的去留特

別神秘，而且公司處理這類事情的做法也特別「職業」，或者說「不近人情」。高階主管「被離職」時基本上都會遵循以下步驟。

1. 有一天，你來公司後發現這位主管的辦公室房門緊閉。要知道，主管們都提倡「開門談話」風格，所以他們的門通常都會打開，而房門緊閉「一定有事」。

2. 不出 3 天，就會召開該主管直線下屬的「閉門會議」，通常在會議開始前 15 分鐘左右發出「電話會議通知」，並且會議無任何主題或會議日程。

3. 會議中，該主管的直屬主管（通常來自國際總部）會直接宣布該主管的「職位變動」，有時是通知其「因個人原因」離職，有時是通知其「會接任一個新的職位，待另行通知」，總之這位主管不留在現在的職位上了，公司也不解釋前因後果。

4. 然後該直屬主管問大家還有什麼問題，通常這時都是全體嘴上沉默，但內心有各種猜測。然後會議主辦者就會說，如果沒有問題就請大家散會，各自繼續負責好自己的工作。

在接下來的日子，部門裡就會充斥各種猜測和傳聞：現任主管為什麼突然離職？是因為內部鬥爭嗎？合規問題嗎？還會不會連帶產生其他人員變動？誰會接任這個職位？會不會是傳言中的某某？……惶恐和不安縈繞在每個人心頭。尤其是一線的員工，這些人不清楚隊伍的劃分，也不知道怎麼站隊，只能做好手頭的事，同時敏銳地觀察周遭的環境，然後從各路消息中獲得隻言片語。

「存活下來」是我當時面臨的最大的考驗，畢竟面試我進來的大

主管被離職了，我的處境有些尷尬。當然，後來我不但活了下來，還發展得很好。快速適應的能力是這幾年的變化給予我的最好的「禮物」。我當時梳理了自己面臨的困難和局面，發現「強調專業性＋高效學習能力＋快速適應的能力」是我當時可以做出的唯一選擇。

我要繼續做一個能力和心態都好的人。做到適應能力強、做事專業、態度積極、辦事牢靠，這是我在每次遭遇主管變革中都能「適者生存」的原因，每個組織都需要這樣的員工。好的心態、負責任的態度、良好的辦事效率的背後是強大的情緒控制能力和更大的內心空間。我為此讀了一系列關於自我提升和管理的書來充實自己，同時還使用了一些小技巧來提醒自己保持良好的工作狀態。比如，面對鏡子整理著裝時，我會不斷提示自己微笑，注意溝通細節，用錄音幫助自己訓練聲音等等。我會隨時提醒自己保持專業、克制。正裝和微笑成了我約束自己的兩個象徵，它們的存在時刻提醒我注意專業和態度。

專業、積極、有效率、勇於創新、敢於挑戰、坦誠溝通，這是我為自己設定的標籤。我不斷學習、補足缺點，帶著積極的心態去找對的人，心態的轉變又會帶來精神面貌的轉變。說對的話，做對的事，而後成功就是水到渠成的。

在整個過程中，我對洞察力有了深入理解。沒有洞察力就沒有正確的行動。洞察力，是指深入看待事物或問題及規律的能力，擁有洞察力的人，能夠透過現象看本質，用原理思維和需求視角來歸納、總結他人的行為表現，找到背後的規律，並進一步預測其未來

行為，所以洞察力也稱預見力。

洞察力也與分析和判斷有關，是一種綜合能力（見圖 3-1）。

一個具有創造性洞察力的人，在職場上往往是成功的。

情商上的表現，是察覺人的情緒，把握心理、心情的走勢。

智商上的表現，是預見事物的本質、規律、演化方向。

圖 3-1 洞察力的綜合表現

▶ 想要擁有洞察力需要具備哪些能力

洞察力是觀察力、分析判斷能力、推演能力的綜合。

想要擁有洞察力，你需要有超強的觀察力來獲取細微的資訊，這可以為你得到全面、準確的資訊提供保證。你還需要有分析判斷能力，它讓你可以辨別資訊並透過對表面現象的追溯，找到事物的原因、原理，得到本質性結論。比如在職場上，主管或同事的發言背後的目的和需求是什麼，這些就是「分析判斷」要解決的事，也是你必須弄明白的事，否則你在應對時就會出錯。

你還需要有推演能力，也就是對事情發展進行有依據的預想，對觀察到的資訊和分析後的新資訊進行推演。推演力也是行動的動

力，如果一個人想像不到自己成功後的樣子，就很難有動力去努力。成功的創業家每次都可以像第一次講解一樣，把自己的夢想藍圖與每一個投資人一遍又一遍地、充滿激情地進行講解，這就是因為他們內心充滿對實現藍圖的渴望。

《人類簡史》中曾提到，是宗教、信仰、共同理想這類「對未來的想象」推動人類世界向前突破和發展，看了之後我醍醐灌頂，深以為然。

洞察力，就是對上述三種能力的綜合運用。做到洞察的重要前提之一，是對人、對事物的判斷標準和角度不是單一的。有一次一個綜藝節目請羅振宇做導師，他在講評時曾有過一段讓我受益匪淺的發言，他說：「成長就是變得複雜，因為這世界本身就是複雜的，一個人心智成熟的標誌是頭腦中存在兩種截然相反的認知，卻能夠保持正常行事的能力。」對此我深以為然，這其實就是一種高階的看待問題、解決問題的能力，只有擁有這種能力，才會有好的洞察力。

都說人生在於選擇，你有沒有過這樣的經歷：認為自己和別人就某件事產生衝突，並且你們的解決方案無法達成一致，你們就這件事沒有其他可行的選擇，雙方只有「無解」這一條路。或者某個業務問題因某幾個障礙停滯，怎麼努力都無法解決，讓人一籌莫展。

很多時候，我們認為沒有選擇的事換個思路可能就會柳暗花明。

《第3選擇》這本書給過我很大的啟發。面對生活中的衝突和

分歧，作者提出了一個名為「第3選擇」的解決方法。他甚至認為所有事情都有第3選擇，共贏才是這個世界的本質，在共贏的前提下，沒有解決不了的問題。《有限和無限的遊戲》（Finite and infinite games，台灣未出版）這本書的作者也提到，應該把我們的世界看成一個無限的遊戲，輸贏和對錯不是最終目的，把「遊戲」繼續玩下去、不斷拓寬邊界、讓更多的人參與進來、讓更多的人獲益，才是這個世界的本質。

想達到這個目的，主動學習並讓自己擁有「第3選擇」的視角和思維非常重要。

關於第3選擇，我們要弄清楚兩個核心的理念。

第一，要有一個信念，凡事都存在第3選擇，你要做的是提升自己思考出第3選擇的能力，即打開思考的角度，拓寬思維的邊界。

第二，要有一個原則，第3選擇是建立在共同目標下、能達成「共贏」的解決方法，所以找到第3選擇的前提是明確識別雙方的共同目標，不被表面的「衝突」和「勢不兩立」迷惑。

學會應用第3選擇，傾聽對方的意見，運用洞察力找到對方的需求和自己的需求的契合點，實現合作和共贏。

那麼，怎樣才能做出第3選擇？

第一，後退一步，擁有「協力廠商」的高位視角，利用同理心充分理解他人的立場，重新審視問題。

一個簡單的第3選擇能夠解決複雜的難題，甚至讓難題不復存在。

例如，2014 年後，整個醫療行業的合規進入了更嚴格的階段，各大公司都更重視合規，公司策略也把「首先要合規、其次才是業務」當作口號。

這直接導致很多以前運行良好的優秀專案被暫停，各公司的業務受到極大影響。同時，各大公司內部對創新專案的審批流程也變得空前複雜，一個專案要在公司內各部門經歷八審八問，等到徹底通過，大半年都過去了，機會也過去了。

但是，當時我所在的那家公司業務部的創新項目卻層出不窮，他們的新產品上市進度和業務發展都獲得了大力推動，這讓大家非常吃驚。我因為好奇去採訪了負責這個業務部的合規經理，問他為什麼能在現在的情況下幫助業務部推出這麼多的創新和嘗試。只見他不緊不慢地說，關鍵在於你怎麼定位合規部門的工作。合規的目的是什麼？是「控制」嗎？不，是「激發」。

一句話讓我醍醐灌頂，合規是「激發」，是想辦法在現有條件下幫助大家找到解決方案，而不是站在業務部門的對立面進行「控制」。這不就是時時刻刻擁有「第 3 選擇」的思維的表現嗎？這就

圖 3-2 換位思考

是能夠「後退一步，審視全局」，始終站在業務角度，考慮能「共通」的解決方案。

第二，遇到死胡同時，停下來換個角度。

有句話叫作「最沒有效率的做法是企圖用正確的方法與流程解決錯誤的問題」。我覺得這句話非常有道理。如果要解決的問題和切入的角度不對，無論你的解決方法和流程有多麼正確，最終仍有可能進入死胡同。這時候就需要洞察力了，要能精準判斷出真實的問題。

舉一個我在工作中遇到的真實案例。之前我負責過一個某疾病領域新產品的上市行銷，傳統的做法都是做醫師教育，也就是從疾病負擔、未滿足的治療需求、到該類疾病的治療目標確認、可選的臨床解決方案以及各種解決方案優劣的對比等方面提升醫生的認知，展現產品的優勢。

但是推廣過程中遇到一個問題：這個產品是國內第一個使用系統生物治療法的產品，醫生在相關疾病方面的治療理念陳舊，患者對新藥的瞭解也非常有限，觀念教育的推動非常緩慢，加上藥品價格相較傳統療法偏高，醫生在向患者推薦時也容易被誤解，所以產品的市場接受度一直不是很高。有大半年時間，大家一直沉浸於如何「提升醫師教育的品質」這個問題，每次開會的討論也都集中於這一個話題，但找到的解決方案總是沒產生什麼顯著的效果。

直到有一次開會時邀請了跨部門的幾位同事一起參與討論，一位來自公共傳媒部的同事問，我們是不是應該重新定位目前市場上

遇到的障礙到底在哪裡？公眾的認知程度不夠是否成了一種障礙？用媒體宣傳提升大眾和患者認知水準、讓患者與醫生認知之間的「落差」縮小、改善「醫病溝通的效率」，有沒有可能解決當下的問題？這幾個問題一下子打開了大家的思路，我們恍然大悟，教育大眾和患者這個角度讓我們的認知被打開了！

於是基於這個重新定位的「要解決的問題」，我們設計了一系列媒體活動，以及在醫院內、醫院外針對患者和家屬進行的教育活動，這些活動既有趣又能產生科普作用，系列性和科學性都很強。這樣，經過半年的累積和市場培育，大家欣喜地發現市場又有了生機，而且可喜的是，我們在做醫師教育時還發現，有些觀念陳舊的醫師還被喜歡學習、喜歡搜尋網路資訊、喜歡在患者群裡學習疾病知識的患者反過來教育了！

這些案例讓我產生了深刻的思考，我發現了第 3 選擇的好處，它會帶給人有一種「思路拓寬，豁然開朗」的感覺。後來在職場中，我總是刻意訓練自己找到「第 3 選擇」的能力，不斷逼迫自己訓練洞察力，深入挖掘「可能性」，不斷從全新、多贏的角度看待問題。

如果你能先不急著論對錯，或者局限於當下的視角，而是靜下心關注問題本身，並發掘更多的解決問題的可能性，你的洞察力和解決問題能力就會增強，你的世界也會更廣闊。

▶ 洞察力的訓練方法

方法一：對於在職場中遇到的每件事都不斷進行資訊收集、分析判斷、決策練習

舉個例子，我在參加任何一場會議時，都會主動成為做會議記錄的人，不論這個任務是否分配給我。做會議記錄的好處如下：第一，可以讓我專心聆聽；第二，可以讓我養成速記的習慣，訓練快速思考的能力；第三，這個過程中我需要對記錄的內容進行判斷、分類、整理、歸納，這個過程有效地訓練了我深入思考、抓重點、進行結構性表達的能力以及快速分析資訊的能力，同時我的洞察力也在這個過程中顯著提高。

每次都主動做會議記錄只是形式，藉此提高判斷力和洞察力，養成集中注意力、篩選關鍵資訊、為全局負責的能力和習慣，才是目的。

如何做好一份會議記錄？四個關鍵幫你從結構、內容、格式、發送方法四個角度進行檢驗。

資訊收集　　　　分析判斷　　　　決策練習

圖 3-3 洞察力的第一個訓練方法：不斷進行以上三件事

1. 會議記錄的結構要由結論、責任人和跟進點這三個要素構成。如果有未能達成共識的事項，要明確列出「未決問題」，當然，時間、地點、人員等基本格式也需要列出。

2. 會議記錄不能是流水帳，應該只包括討論結論和後續行動，是一份責任明確的行動計畫。

3. 會議記錄建議用「清單體」，方便大家快速閱讀抓住重點。每一則記錄的基本元素是一樣的：我們要做什麼事，誰負責，什麼時間完成，需要交付什麼結果。

4. 會議記錄郵件標題要明確。在用郵件向其他人發送會議記錄時，務必寫「請確認您負責的第幾項事項」。最好在郵件的正文和附件中同時發送記錄內容，保證大家隨時看到郵件正文就能一目了然，不必再費力打開附件查看。附件只用來下載保存。

> **方法二**：多觀察、聆聽各種會議上主管的發言，並進行總結、判斷，從他們的思考和表達中快速瞭解其對業務的洞見，判斷業務的趨勢

很多人在公司年會上只顧著聊天，而實際上年會是主管們的「精彩瞬間」，是非常難得的學習機會。每位主管都會精心準備發言內容，這些發言內容通常來自對大量資訊的總結、業務分析，包含對未來的預判。趁機學習他們分析、思考、表達和做判斷的方法，才是年會的正確參與方式。

同時，很多行業內的大會也非常有價值，十分有助於培養洞察力，日常可以多利用參加協力廠商會議的機會，培養自己的洞察力和全方位思考的能力。

方法三：透過向自己提問，持續訓練自己做出第 3 選擇的能力

遇到各種問題、衝突、不一致，都有意識地讓自己跳到圈外，思考當下的問題卻不受困於當下的問題，反復尋找可能讓大家都滿意的新的解決方案。瞭解了第 3 選擇的原理，在遇到困難時，我們在做出選擇之前，可以向自己提問，釐清思路。你可以問自己如下問題。

1. 我當前面對的問題的本質是什麼？

2. 我面對問題有哪些準備？這些準備是否完善？

3. 我想得到的結果是什麼？

4. 通常人們會使用的解決辦法是什麼？

5. 我能不能找到創新的解決方法讓大家都感到滿意？

6. 對方說的話中有什麼可借鑒之處？

7. 我能從中學到什麼？哪些經驗可以被吸取和總結出來，這些經驗對以後有何幫助？

8. 還可以去看看並瞭解什麼資訊？

這些問題都有了答案，你的思緒就會變得清晰。你自然就會突破自己，不斷產生第 3 選擇，你可以從「原本討厭和對立的人或事物」上，學到大量有價值的東西。更神奇的是，當你能夠熟練地使

用第 3 選擇來解決問題、化解矛盾時，你就會發現，很多讓你頭疼的事不再是困擾，再難的情況也有應對之策。你會發現自己身處的世界比以前美好，一切是那麼豐富、多元、和諧。

人際規律：

找對人、說對話、做對事

　　人際關係的本質是不斷地發現需求、滿足需求，實現互相制衡與合作共贏。溝通背後是對對方的需求和目標的洞察。職場人的需求基本上可以分為兩大類：心理需求和具體業務需求。想要有好的合作，這兩類需求都要滿足。本節將向大家介紹我在日常工作實踐、培訓學習中總結出的用於職場溝通與合作的實操方法。

▶ 果敢溝通需要心態 + 技能 + 習慣養成

　　果敢溝通，是指在任何時候與任何人自如交流、勇敢表達、持續進行對話的能力，這實際上需要心態 + 技能 + 習慣養成。

第一，心態上你怎麼看待溝通這件事，以及怎麼看待自己在溝通中的表現，至關重要。

很多人把自己在溝通中的表現看成一件固定不變的事，看成是對自己這個人的評價。如果他好幾次提出建議卻都不被採納，他就會覺得很難堪，感覺被否定了，因此變得縮手縮腳、不敢再發言。其實正確的對待溝通的態度應該是，只把溝通看成一種傳遞資訊的手段，並把別人的反應當作你的資訊傳遞是否有效的回饋。也就是說，如果你發言之後別人的反應與你的期待不一致，你應該意識到這種反應只是表明對方對你這次傳遞資訊的內容、方式、方法等方面的接受度不高，而不是對你這個人的接受度不夠。

比如，你和女孩說話時對方皺了一下眉頭，很有可能是剛喝的那口咖啡有點苦，而不是她不喜歡你。

第二，實際上，主動、有技巧地進行果敢溝通，是我們每個人都應該掌握的技能。

那麼這個技能應該怎樣養成呢？

相信大家對馬斯洛需求層次理論都耳熟能詳，人類最基礎的需求是生理需求，尊重需求則占據較高層次。如果你想在談話中獲得他人的肯定和好感，讓溝通順利進行，就要時刻銘記：要讓對方放鬆，並感覺自己被關注，是兩個大原則。基於此，我們的行動應該是這樣的：保持以對方為中心的思維，時刻關注對方的潛在需求、情緒、話題興趣度，隨時調整自己的語言和話題。

圖 3-4 馬斯洛需求層次

在這個原則下，要想提高自己的溝通能力，就需要做兩方面的努力：一是提高自己理解別人的可能性，這一點可以透過培養觀察力、洞察力、傾聽力來實現；二是增加別人理解自己的可能性，這一點可以透過改善表達技巧、使用非語言技巧等方式來實現。

第三，在學習任何技能之後，都要透過刻意練習將其變成自己的習慣，這樣它才能真正成為你自己的能力。

當你習慣坦誠、開放、自如地表達自己時，你身邊的人就會驚奇地發現，你已經是一個擁有果敢溝通力的人。

在工作過程中如何做到與上下級及其團隊和諧合作、高效溝通呢？有兩個黃金法則，遵循法則的過程也是培養與別人合作的習慣的過程。

透過提高與上司溝通的效率，提高向上管理的能力。

與上司合作主要有三個核心要點。

1. 加強主動溝通，交辦事項時明確彼此要求、時限、關鍵重點。

2. 一定要請上司審閱任務初稿並給予初步意見，任務過程中對階段重點及時進行彙報、溝通、確認，任務結束後留出回饋時間，注意與主管溝通的時機。

3. 建立時間觀念，不要讓對方養成可以隨時找你的習慣，制定「溝通時機」和「時限原則」。

圖 3-5 與上司合作的三個核心要點

每個主管都喜歡讓人放心的下屬，那麼到底怎麼做才能讓主管放心呢？你一定要站在他的角度考慮問題。

我的一個下屬是非常細緻的員工，細緻到什麼程度呢，每次她寄郵件向我彙報專案進展時，都會傳一則訊息給我，告訴我這封郵件說了什麼事情、需要我做什麼，比如需要我決策還是審閱並提供建議，或者只是需要我知曉。我非常忙，她所負責的某個案子在我這裡占據的注意力其實不到 5%，有時候郵件不會那麼及時、仔細地看到，而她和郵件一起發送給我的訊息就非常有價值。我能以此迅速判斷她剛才發的那封郵件需要我做什麼，並立刻處理。

　　再舉個例子，你負責的一個專案進展不順利，現在你要向主管彙報情況。下面三種做法你覺得哪種更好？

　　1. 主管，因為某某原因，這個項目沒按照計畫進行，延期了。

　　2. 主管，這個專案遇到了……問題，專案組很著急，您說該怎麼辦？

　　3. 主管，這個工作目前的情況是……我認為原因是……我現在有這幾個方案，您看該選哪個？

　　其實每種做法背後都有「弦外之音」（見表 3-1）。

表 3-1 工作彙報內容及潛臺詞分析

彙報內容	潛臺詞	透露的員工態度和責任心	主管的反應
「主管，因為某某原因，這個項目沒按照計畫進行，延期了。」	出事了，我告訴你一聲。	透露著一種「雲淡風輕、不關我的事」的逃避責任的態度。	一定是皺眉不滿
「主管，這個項目遇到了……問題，專案組很著急，您說該怎麼辦？」	遇到難題了，我沒辦法了，您來解決吧！	透露著一種「我很無能」還「無所謂」的下屬特點，一副「你是主管你來解決吧」的樣子。	不滿＋生氣
「主管，這個工作目前的情況是……我認為原因是……我現在有這幾個方案，您看該選哪個？」	雖然有問題，但是我已經做了萬全的應對，您是主管，必須尊重您，您指個方向，我去執行！	有「積極向上、主動出擊」解決問題的態度。	很願意仔細聽聽具體遇到了什麼問題，並選擇具體的解決方案

　　第三種彙報方式，才叫提高溝通效率，讓主管少操心。而要想達到第三種的水準，你需要經常有這樣的思維方式：假如我是主管，如果我需要解決某個麻煩或問題，我會考慮哪些方案。也就是說，永遠站在比你高一個水準的主管角度思考問題，你就自然能替主管省心，那麼在主管眼裡，你就是能幹、專業又值得培養的人才。

　　好的下屬懂得為主管提供「支撐」，這是一種獨立自主、強強聯合的工作方式。這個認知非常重要，可以決定你所有的行為。主管會更信任能幹、專業、令人放心、懂得支撐的下屬。

　　以下還有幾個我在實踐中總結出來的、與主管溝通時的注意事項。

1. **要積極主動**。主管工作忙、時間緊,但資訊多、資源多;你時間多,但資訊少、資源也少。所以,和上司的溝通一定要由你發起,告知主管你的專案進度、有什麼需要其來決策、下一步工作重點、下一個溝通時間點等。同時,要在執行過程中定期溝通、確認。最好與你的主管約定每週或每兩週面對面、一對一地溝通,很多風險可以在一對一溝通中及時解決。

2. **要有客戶服務思維**。把上司當作你的「用戶」,你交給他的任何工作結果,都要完整、明確。哪怕是一則訊息、文件或郵件,都應該背景清晰、表達扼要、資訊完整,讓對方可以快速抓住重點、給予回饋。

3. **盡量讓主管做選擇題**。你要幫助主管聚焦問題。比如,「此事的背景和進度是……我建議的做法有幾個,分別是……這麼考慮的原因是……您有什麼建議?如果沒有,請確認收到了」。總之,遇到自己解決不了的問題時,面對上司,有效率的求助邏輯不是「我處理不了,您來吧」,而是「我是這樣思考的,請指明方向、給予建議,讓我繼續前進」。

4. **每件事要有一追到底的精神,件件任務有著落,直到完全解決。**在解決之前,要持續與主管及時溝通、明確進展。

5. **要有重要性排序**。向主管彙報時做到「要事第一」,從最重要的事開始說起。不要顛三倒四,想到哪個說哪個。

6. **表達要呈金字塔結構**。先說結論,再補充論據。這樣方便主

管抓住你的重點，而不是從你的流水帳報告和溝通中不斷「猜測」你想表達什麼，浪費彼此的時間。

向上管理還有一個很重要的動作就是做好工作彙報。好的工作彙報可以讓你事半功倍。我在第二家公司養成了非常好的每週主動進行工作彙報的習慣，一方面是向主管彙報，另一方面我也在這個過程中進行自我總結和進度管理，訓練自己全方位思考，同時讓下週的工作更有效率。

想寫好一份一週工作彙報，要注意語氣、結構、內容、格式。

1. **用語氣傳遞積極的態度**。多用積極的語氣，你需要展現出所有問題終將得到解決的自信。

   比如，「上週推進 3 個專案，2 個順利，1 個進度較慢，原因是合規部門的同事有不同看法，大家對齊專案目標用了兩次會議。以後這類專案將提前讓合規部門介入，盡早獲取建議，避免後期變故」。

   或者展現負責到底的決心，比如，「客戶反應福利卡領取管道不通暢的問題，已經提交售後部門儘快解決，我會以天為單位瞭解進度」。

2. **在結構上，突出重點，把重點事項寫在前面**。英文中有個詞叫作 user friendly，即「使用者友好性」。如果你把主管當成使用者，你提供給他的工作彙報就也要具有使用者友好性，這樣才能替他省麻煩。對於主管具有使用者友好性，就是從主管的角度分析他想看什麼。週報內容必須經過提煉，並且將

重要資訊寫在前面，讓主管一目了然。

3. 在內容上，要包含「進展」、「結果與思考」、「下一步」這三個要素。

比如，「本週拜訪了 3 位客戶」，這只是進展。你還需要寫結果與思考：這 3 位客戶對我們新產品的觀念是怎樣的，有沒有特別大的問題需要下一步跟進，或者有沒有不良反應等回饋需要與藥物安全部門接洽，等等。你還可以遞進到「下一步」：每週 3 位客戶的拜訪量合適嗎？是否可以在一定資源支援下拜訪更多客戶？實地拜訪這種方式適合所有類型的客戶嗎？等等。

4. 在格式上，要形成金字塔結構或清單結構，切記結論先行。

這樣才能把你的想法視覺化地展示給對方，方便別人理解，提高溝通效率。

隨著你的人際敏感度和與主管合作的能力漸漸提高，你將會有如魚得水之感，而要想真正做到有效率、有成果，只是能與主管溝通和彙報是不夠的，還需要與同事融洽合作，盡可能地實現共贏。

法則二：做好平級合作，理性果敢地溝通，避免孤軍奮戰

首先你要學會將二八原則用在與同事的合作中。要時刻謹記，把 80% 的精力花在 20% 的最重要的事情上。為了做到這一點，在面對每一個工作任務的一開始，都要問自己下面這些問題。

1. 這件事有沒有必要做？與策略是否一致？

2. 需不需要我親自做？我做這件事的機會成本是什麼？

3. 這件事有可能交給別人來做嗎？

如果這件事別人可以完成 80%，那麼就授權給別人做。制定好目標和檢查的重點即可。我舉幾個例子來說明工作分配原則，具體來說，要分情況討論，比如，工作是拜訪客戶，這時你要思考你想透過此次拜訪達到什麼目的？

如果是增進客戶與你的感情，就不能把這件事拜託給別人，否則客戶認識的就是別人；但如果你想維護客戶與公司整體的關係並促使交易達成，這件事就可以交給別人去做，你不必親力親為。

不管某件任務是否分擔出去，又會分擔給誰，你要做的都是先找出這些任務，然後進行分析和分類，和大家討論方法共同完成，避免你一個人事無巨細地辛苦解決。因為大家是這件事的利益共同體。

而與平級合作的溝通章法也有三個核心要點，我依然舉例說明。

每年 10 月初公司的團隊建設，都是一個需要各部門共同協調的專案。每年公司會在國慶日過後開始成立團隊建設活動籌備工作組。涉及的部門包括總裁辦、採購部、酒店會務組、廣告設計組、市場部、業務部等，大家都是從各自的部門中被抽調出來組成「團隊建設活動籌備工作組」的。

在這個工作組中，來自各部門的同事都是級別差不多的行政人員、助理、執行專員等，按照上述原則，在「團隊建設活動籌備項目」

中，所有人應該按照三個核心要點和做法來進行溝通與協作。

1. 明確分工。

在專案啟動階段，最重要的是做好計畫和分工。我們可以把工作內容分成模組並劃出時間表，分清楚各部門同事重點負責的事情、需要達成的結果和完成的最後期限。分工表讓工作內容「責任到人」，讓人們在執行中瞭解「遇到哪類事該去找誰解決」。在專案啟動會上，要充分溝通並確認每個人都達成一致，在專案執行過程中，要及時檢查以確保動作沒有變形。

2. 及時溝通、及時回饋。

及時溝通達成一致、及時回饋迅速調整也非常重要。想要建立例行的溝通機制，最好保持每天一次快速溝通、每週一次正式溝通的溝通頻率。溝通方式可以選擇通訊軟體群組、雲端生產力工具等。每天固定一個時間讓大家把各自負責的事情的進展在群組裡快速回饋一次，互通有無。保證每個人都「收到、清楚且理解」這個標準，可以將標準放在項目跟進時間表的附件裡，方便同事們自我檢視。

3. 建立時間觀念，制定溝通時機和時限原則。

這一點是大家在執行過程中經常忽略的。當項目任務重、時間緊時，大家很容易出現「隨時遇到問題、隨時衝上去解決問題」的狀況。其實這樣會導致人們缺乏冷靜思考和對重要緊急性排序的思考，盲目消耗時間、精力，很容易導致效率低下。

因此，大家明確分工後，各自都要有自己的「專注工作時間」，同時也要有「限制時長的協調溝通時間」來專門進行快速協調，不要互相「隨機打擾」。

圖 3-7 平級合作的三個核心要點

規律背後的規律：

累積通用的底層邏輯

　　「規律背後的規律」是查理・蒙格的名言，是指那些推動人類社會進步和經濟發展的底層邏輯，這些邏輯放在職場中也完全適用。而跨界高手，大多數都是非常優秀的學習者。可見，想要獲得終身成長並將各類知識與能力融會貫通，就要理解這個世界普遍適用的底層邏輯。我在本節中為大家整理了我認為最核心的五個通用的底層邏輯。而在接受這五個底層邏輯之前，你還要擁有以下四個心態，為學習這些知識做準備。

▶ 四個重要的心態

　　1. 對任何事都有開放性綠燈思維。

保持學習者心態而不是評判者心態，放下慣性防衛心理，放下既有經驗和成就，擁有坦然接受新觀點的心態。

2. 有「千里之行，始於足下」的耐心。

的確，能「四兩撥千斤」是我們職業發展的終極目的，但是你要首先願意「結硬寨，打呆仗」[★]，刻意練習、累積你的技能。

3. 及時覆盤。

寧可今天少做一件事，也要花時間讓自己檢視當日所學。這樣才能保證每一天都不會流於形式。每天哪怕在計程車或回家地鐵裡只有 5 分鐘進入深入思考狀態，日積月累，你的人生也會迥然不同。

注意，這類覆盤一定要寫下來，這樣才會透過「慢思考」進入你的腦子裡。

圖 3-8 四個重要心態

[★] 結硬寨，打呆仗：為清代曾國藩打敗太平天國的戰法，指步步為營，穩紮穩打，不出奇兵，持之以恆，終能成功。

4. 用樂觀的態度對待回饋。

要相信「凡是回饋，皆有價值；凡是經歷，皆要成長」。不管外界對我們的評價是正向的還是負向的，都是對我們當下行為的回饋。積極「接收」這種回饋並從中理解這種回饋的出現原因、角度和價值。做到「有則改之無則加勉」，讓自己像一個不斷被優化、反覆調整的產品一樣，不斷升級。

隨著你不斷質詢、反覆探索，在持續發現規律和自我否定的過程中，你對普適規律的認知就會越來越清晰穩定，越來越接近底層邏輯。而在應用底層邏輯時，最核心的是抓住問題的本質進行刻意練習，不斷穿透「現象層面」尋找「底層邏輯」。進而讓底層邏輯真正幫我們解釋問題、解決問題、預測問題。

▶ 五個通用的底層邏輯

很多底層的思維邏輯已經在不同的書籍中被反覆介紹。我這裡列出我經過自己的學習和實踐，認為對個人成長非常有價值的五個實用的底層邏輯。

底層邏輯一：複利思維

職業發展、人生成長的關鍵都是複利。用一句話來解讀：持續正向累積帶來的質變是驚人的，越過臨界點之後就會有爆發性增長。每天多努力 1%，一年後你的累積會相當驚人，而每天少努力

1%，一年後你的墮落也會很驚人。起點相近卻結局迥異，比如兩條線交叉後夾角不變，彼此的距離卻越來越遠，這就是複利效應帶來的結果。

做副業就是這樣的過程，你投入的成本和風險是有限的，只要堅持，到達一定的臨界點，它帶來的價值就會不斷上升。以我剛入職場時學英語為例，我每天都去上課、學習，如果每天都和前一天相比，會感覺變化不大，無非是多背了幾個單詞，多熟悉了幾個例句而已，但是經過一年的累積，我已經可以在公司會議上用英語充分聆聽、自如表達。而且隨著我不斷地參加會議，不斷地進行練習，我的水準也越來越高，這就是複利效應帶來的良性循環。

心理學上有個概念叫作「時間貼現」（time discounting），簡單來說，是指我們感覺時間流逝得越快，對做一件事的估值就越會下降，由此越感受不到未來的存在，而只關注當下。所以，許多人才會有如下心態。

學這個技能有什麼用？幾年後都不知道這個職位還不在──但你學或不學，幾年後的那個時間點都會到來。差別在於，如果學了這個技能，那時你就多了一種可能。

做這件事情有什麼用？又看不到什麼效果──但你做或不做，這件事的效果都會存在，區別在於，它是會在當下就對你產生影響，還是會在未來對你產生影響。

人們總是根據做一件事的主觀價值來選擇是否行動，所以對時間的認知會直接影響我們的行為。而複利思維高度認可時間的累積

價值。

這裡我提供三個應用複利思維的小方法。

1. **每天花半小時來專注做一件有長期價值的事，可以稱它為「黃金半小時」。**

比如，培養一個愛好，學習一門技能，讀 10 頁書，聽一集有聲課程，檢視我為學員做過的諮詢並做一個思維導圖等等。你可以像我這樣，每天都給自己設定黃金半小時，這半小時可以是一天中的任意時段，什麼時間想做就直接做。在這半小時中，只關注當下這一件事，完成它，掌控它，半小時後再去做其他事。這與你拿出每個月薪資裡固定比例的錢進行理財的道理一樣，黃金半小時是你在為未來投資時間。

2. **每天為自己的生活找點有意義的變化，不要讓自己的每一天只是在重複。**

重複做沒有營養和新鮮感的事情，大腦就會漸漸傾向於遺忘。所以要每天都找點和昨天不一樣的事去做，可以是多做一次冥想，下班多走一段路，檢視一次學習過的課程等等。總之，每天都創造點有意義的新變化，不限時間、地點、形式，只要是以前沒做過或往常不太會做的新鮮事就可以。過後簡要地將這件事記錄在備忘錄裡，過段時間拿出來看一看，這會讓你的積極心態也產生複利。

3. **每天做一次小覆盤，每週做一次大覆盤。**

對自己在本週的黃金半小時每日累積的學習筆記進行整理，

彙整學習「成果」，調整接下來的學習節奏。

底層邏輯二：機率思維

機率思維是指，許多事情我們都可以站在機率的角度思考。

很好理解的一點是，無論是在生活中還是在職場中，機率思維都會讓我們選擇做成功機率更高的事情，避免做那些成功機率低的事情，在自己的優勢區擊球。

關於機率思維，還有一個非常重要的認知與行為改變有關。你要清楚，任何人的性格特點，都只是因為這種性格特點下相應的行為模式發生的機率高一些而已。你如果想擁有任何一種性格和行為模式，只要提高自己出現相應行為的機率即可，行為的重複機率提高了，就說明你在朝著這個方向成長。這種心理認知非常關鍵，有了機率思維，打擊自己的想法就會更少出現。千萬不要把養成任何新習慣都簡單理解為意志力的問題，「習慣」並不是簡單的「每日重複」，而是「不斷增加的機率」。這樣你就不會因為一兩天沒有達成既定目標而產生挫敗感，進而放棄養成某個習慣。

假如今年 365 天中有 200 天你都堅持每天讀書半小時，難道這還不算是個好習慣嗎？與去年的你相比，讀書這個行為的發生機率由 0 變成了約 55%（即 200/365），是不是已經進步了很多？雖然你還沒有做到每天都讀書半小時，但是機率增加了，就意味著你在向養成這個好習慣邁進。

所以，不要因為一兩天沒有完成什麼而懊惱，並放棄之後的行

動。只要確保機率在正確的方向上增加就可以了。只要執行過程不是非常痛苦並且能讓你感受到成長，你就會自然而然地堅持下去。

底層邏輯三：黃金思維圈思維

黃金思維圈其實就是從本質出發的過程。黃金思維圈由三個同心圓組成，從內向外分別是 Why、How、What，從本質出發到現象，讓你用挖掘本質的思路帶動問題的解決。

- Why 是目的、理念、信念，即為什麼要做。
- How 是方法、措施、途徑，即如何實施。
- What 是現象、結果、行動，即具體怎麼做。

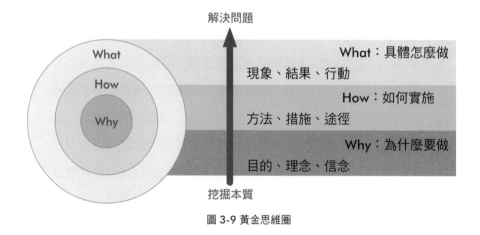

圖 3-9 黃金思維圈

黃金思維圈的關鍵是由內向外地思考，要求我們在行動之前，從 Why 的角度出發，先問自己為什麼要做這件事，也就是弄清目的，之後再開始行動。只有把這個問題弄清楚，才能找到正確的方

向和方法。

黃金思維圈包含由內向外的思考，讓人從目的出發，思考怎麼做，然後體現在行動上。這其實是我們認知世界的方式，如果只看到最外面的 What，讓理解流於表面，行動自然也就停留在表面。

遇到事情時，如果我們能運用黃金思維圈，就能多問幾個為什麼，直到挖掘出核心層的 Why。我想你一定聽說過豐田公司的做法，其讓員工連續問 5 個為什麼，從而挖出出現問題的根本原因。比如機器漏了油，其他公司的處理方式是先清理，再檢查，更換引發漏油問題的零件。而豐田公司會用一個又一個「為什麼」引導員工。

1. 為什麼地上會有油？因為機器漏油了。

2. 什麼機器會漏油？因為有一個零件老化，磨損嚴重。

3. 為什麼零件會磨損嚴重？因為品質不好。

4. 為什麼要用品質不好的零件？因為採購成本低。

5. 為什麼要控制採購成本？因為想節省短期成本，短期成本是採購部門的績效考核標準。

所以地上漏油是因為採購部門的績效考核標準設計得不合理，更改採購部門的績效考核標準，就會從根源上避免類似問題重複出現。

黃金思維圈還是一款強大的溝通利器。你不能只聽對方說什麼，還要思考為什麼對方會這麼說。我那時在日常工作中因為經常要向美國或法國總部的上司彙報工作，所以我非常注意他們提出問題的角度。當你理解了這個人「為什麼」要問這個問題後，你就真

正理解了他考慮問題的角度和他真正想要什麼，那麼你對他的回答也會是有的放矢的。總是這樣練習和分析，你甚至可以成功「預測」針對哪類事情、哪個人會問哪類問題，做到完全掌控彙報的節奏和結果。總之，從「Why」這個角度，一步步思考對方沒有說出口的真正問題和訴求，才是有效溝通的核心與關鍵。一旦清楚了對方的真正訴求，很多問題就迎刃而解了。

底層邏輯四：反覆運算思維，又稱 MVP 思維

MVP 思維（Minimum Viable Product，最小可行性產品）的核心是低成本試錯，觀察結果，迅速獲得回饋，及時修正，快速反覆優化，完成比完美重要得多。先搭出框架，初步填充，再根據回饋進行升級，通常是最有效的完成工作的方法。

很多職場新人做事慢的重要原因之一就是苛求完美，總想一次「做到完美」。其實仔細思考一下，以職場新人的經驗閱歷，一次交付一個完美的產品或報告是非常難的，不如先交個 80 分的作品，然後在主管、同事、客戶的回饋中優化它，這樣更有效率。任何時候都要有 MVP 思維，也就是「先完成，後完美」。

MVP 思維有三個操作步驟。

第一步是建立框架。你需要思考完成這個產品的最基本的結構是什麼，比如我要做一套關於精力管理的線上課程，那麼需要深入思考這套課程的設計目的、市場痛點、展現形式等，並用簡報的形式呈現出來。

第二步是設計內容。針對這個課程想要達成的培訓目標，我具體要怎麼解決使用者的問題，用什麼邏輯和案例進行講解，設計什麼練習題，這些都是第二步。而在這個過程中，不要苛求完美，只要達到最基本的課程要求即可，盡快讓這個小產品成形。

第三步是獲得用戶回饋，並進行優化。將完整但不完美的這套「最小反覆調整產品」推出到訓練營中進行講授、獲得學員回饋，並根據學員的回饋持續進行補充、優化，而後再次投入訓練營中，再次進行講授、獲得回饋，根據學員和市場回饋的修訂意見進行 3 ～ 5 輪修訂後，這套課程就會被打磨得更加完善。此時也就完成了這個產品的反覆調整升級。

沒有一個產品或方案是可以閉門造車、一次就達到完美狀態的，快速建立框架，快速推出，快速獲得用戶回饋，快速修正和補充，這個過程非常考驗洞察力、快速行動力，也節約了資源，提高了效率，避免了走彎路，何樂而不為。

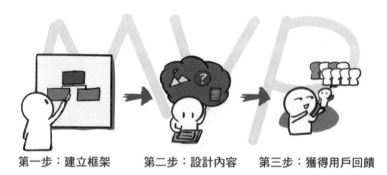

第一步：建立框架　　第二步：設計內容　　第三步：獲得用戶回饋

圖 3-10 MVP 的三個步驟

底層邏輯五：凡事都要系統思考

凡事因果相承，任何時候都不要停留於表層的「人和事物」，要著重思考「聯繫」，並透過「及時回饋」提高系統的實踐性。這樣才能在系統思考中找到關鍵解方，四兩撥千斤。比如，在職場或生活中建立一個習慣的過程，就是建立一個系統的過程。看起來一個又一個相互獨立的習慣，卻構成了你的「關於習慣的系統」。

你要善於從建立某一個習慣的過程中找到方法和規律，並將其應用在其他習慣上，幫助自己不斷建立一個又一個系統。要善於從你的成功經歷中找到系統性規律。

我自己在建立「減肥瘦身」這個習慣時，發現可以提煉出一些「共同的成功因素」。如果想快速建立一個新的好習慣，只要做到以下幾點：

1. 列出在養成第一個習慣的過程中的所有行為

2. 挑選其中關鍵的、對養成習慣有幫助的行為

3. 提煉這些行為背後的邏輯

4. 將邏輯應用到新習慣的養成中

表 3-2 列出了我在建立「減肥瘦身」這個習慣的過程中的「系統思考」。

表 3-2 建立「減肥瘦身」這個習慣的過程中的「系統思考」

減肥瘦身這個習慣中的行為	從中提煉出對習慣養成有幫助的關鍵點	應用到新的「訓練結構性表達」習慣中的行為
前一天晚上把第二天要訓練這件事寫在待辦事項上，並標注好幾個可選的時間段和要進行的具體行為：上午上班路上一邊聽有聲課程一邊走一段路	提前計畫，為需要養成的新習慣設置每天「具體發生動作」的時間段和「具體發生什麼動作」。 連結某個固定時間段的「舊習慣」和「新習慣」；每天上班坐地鐵已經成為習慣，在這個習慣中連結嵌入快步走的新習慣來健身 分解得越細緻，步驟越簡單，越易於執行	每天在上班路上坐地鐵時閱讀當天的新聞資訊，挑選自己感興趣的一篇，閱讀後用結構性金字塔（先寫結論，再寫論據）的方式記錄下來，並在雲端筆記本中記錄（記得列主題，方便日後整理）
前一天晚上把運動鞋放在門口，這樣第二天醒來收拾好穿上鞋就能出門	設定「開始行動」的便利條件，不給自己猶豫和喪失注意力的機會	前一天晚上把想要看的內容從網路媒體中找出來，放在我的最愛裡，第二天直接打開就看，避免尋找資訊的過程中注意力被其他突發事情奪走
偶然有一天沒有執行時，安慰自己的話是「這週我已經連續進行 4 天了，4/7 的比例，比原來一天都沒有的 0 好太多了」	將「機率思維」應用在養成任何習慣的過程中，穩住心態	如果有一天特別忙碌或偶爾情緒低落不想做事，不妨放過自己，用「本週執行的機率還不錯」來安慰自己，減少自我否定等負面情緒造成的內耗
明確減肥瘦身的目的是讓自己更健康，是發自內心的需求，寫在記錄本上，每日提醒自己	明確意義有助於習慣的養成，可以每日用這個意義提醒自己	訓練結構性表達的目的是提升說服、影響別人的能力，促進職業的長期發展

減肥瘦身這個習慣中的行為	從中提煉出對習慣養成有幫助的關鍵點	應用到新的「訓練結構性表達」習慣中的行為
剛開始每天走 1 站的距離，後來慢慢變成每天走 2 站、3 站的距離，最終穩定每天走 5 站的距離	從簡單的事開始建立習慣，每天進步一點點	逐漸由每天閱讀、提煉 1 篇新聞資訊擴展為每天閱讀、提煉 2 ～ 3 篇
為了延續健身的習慣、保持健身的心態，日常工作間歇開始見縫插針地鍛煉肩、頸、腰	養成習慣只是手段，最終目的是減肥瘦身，簡化路徑、見縫插針的行為可以節約時間，提高效率	抓住每一個結構性表達的機會，比如會議上的發言，向別人轉述事情，等等，都可以訓練自己的金字塔結構表達方式
用 App 記錄自己的步數，每週累積獲得成就感	持續累積並獲得回饋，在養成習慣的過程中建立積極心態	定期查看自己輸出的結構性表達的導圖、筆記等，累積自己的成就感；附加的收穫是我可以經常從中發現一些寫作的好素材
每天「固定」的運動和由此帶來的收穫讓我對自己的了解更深刻，而且對生活的掌控感也更強	持續做一件事可以增強你的自信心和掌控感，輻射效應可以讓你在做其他事情時更容易因為好的心態而成功 關鍵是保持這種每天讓我進步的「黃金半小時」	當結構性表達訓練到一定程度之後，可以用其他的新習慣來代替結構性表達，讓自己每天都至少有半小時的「黃金思維時間」提升掌控感，比如訓練用「一頁 A4 紙進行零秒思考」的能力
如果因出差無法進行上下班的運動，就寄存行李箱然後在機場裡來回走，要求自己不要固定坐在某個位置	提前預估可能「中斷」習慣的風險，做好備選方案	比如某天上下班路上的時間剛好都有電話會議，無法進行「資訊結構性表達」的訓練，那麼備選方案是，本次會議中自己至少要有一次結構性表達的發言

總之，在養成一個習慣的過程中，不要僅僅盯著這一個習慣，而要看到自己做到的和沒做到的各種行為背後可能出現的邏輯和規律，隨時保持對「關鍵成功因素」的探尋，並將發掘出來的成功因素複製到另外一件事中，這就是非常重要的、讓你系統思考的洞察力。它會讓你將你面對的很多人、事、物和問題聯繫在一起，挖掘底層邏輯，用一些底層邏輯進行審視和思考。

一個人可以有很多系統，除了上面舉例的習慣養成，你的學習系統、職業發展系統、挫折修復系統等，每個都值得你深入研究，判別成功因素，發現其中規律然後應用到這一類事情中。堅持用這種思維模式處理問題，你一定會飛速成長。

人際敏銳度：

人際關係與合作模式是成功和幸福的關鍵

這一節我重點向大家介紹學習敏銳度中的一個重要維度——人際敏銳度，同時以人際敏銳度為出發點，向大家分享我的經驗總結。

人際敏銳度指具有良好的自我認知，從經驗中學習，建設性地、調整性地對待他人，並且在不斷變化的壓力下保持冷靜、具有適應性的能力大小。擁有較高人際敏銳度的人能以開放的態度對待他人，喜歡和不同的人交往並享受互動，理解他人的獨特的優勢、興趣和不足，並會有效運用這些特點來完成組織目標。

網路上經常出現一些用兩張極其相似的圖片來測試人們的異同的有趣實驗，人們從不同角度可以看到不同的顏色、表情等。我覺得這些實驗都很神奇，也幫助我想明白了一些事情：即使我們生活在同樣的環境裡，面對同一件事物，我們的感知也能產生很大的差

異。人們的主觀意識極易受時間、地點、光線、情緒等眾多因素的影響，更不用說生長於不同生活環境的人之間的差異了。主觀意識不同，就會產生不同的認知和行為，帶來不同的結果。也正因為有各種因素的干擾和環境的差異，所以我們無法要求別人站在我們的角度思考問題。

如果你的同理能力很強，能夠理解他人的處境和立場，能夠透過表達讓他人也理解你的處境和立場，你就會擁有更強的人際敏銳度和感知力。

這種能力可以讓你脫穎而出，成為他人願意信任、願意主動相處、願意幫助的人；你也更容易說服他人，讓他人理解你，與你站在同一條戰線上。同理能力、表達能力和人際敏銳度是高度相關的。

通常人們認為人際敏銳度共有六個面向。

思想開放：對自己未必贊同的想法保持開放態度，能夠認識到向他人學習的價值，並在理由充分的同時對自己的觀點進行調整。

人際智慧：準確預測他人在不同情境下可能出現的反應。

臨機應變：感受人際動態並根據不同情境的需求及時做出調整；及時調整自己的行為和方法，力求完美匹配情境。

敏銳溝通：既強調資訊表達的內容，又強調表達的過程。這意味著不論是一對一的交流，還是一對多的交流，都要調節向受眾傳達的節奏、風格和訊息。

衝突管理：衝突管理者將衝突視為機會而非難題。他們不會迴避衝突，而會小心處理衝突不讓矛盾升級。衝突會在合作、雙贏和

以解決方法為導向等積極思路下得以解決。

助人成功：幫助他人成功，包括透過提供適量的挑戰和自主權來幫助他人發展，能夠成為教練和導師，能夠站在一邊讓他人享受榮譽。

擁有良好人際敏銳度的表現是心胸開闊，自如勝任不同角色，接納並適應多樣性，理解他人且易與人相處，能應對衝突，政治敏感度高，善溝通、能服人。在提升人際敏感度方面，如果你能改變認知，坦誠接受自己和他人，挑戰自己，廣交朋友，同時開闊心胸，多理解他人，洞察他人的需求，那麼無論是在工作中還是生活中，你都會有更多的可能性。

圖 3-11 人際敏銳度的六個面向

目標敏銳度

——總是精力不濟、沒動力？因為目標沒找對

目標感：

找到人生價值目標的重要性

目標感非常重要，對目標的敏銳度會決定行動的速度和效率，還能決定最後的奮鬥結果。很多人在職業生涯剛開始時和我一樣沒有目標。我在工作的前三年也懵懵懂懂，後來在工作中才慢慢發現了設定目標的重要性。我現在做每件事都有明確的目標，而且目標一定要高，俗話說「志存高遠」；並且做事的標準也要高，正所謂「法乎其上取其中，法乎其中取其下」。

▶ 你熟悉這些場景嗎？

關於目標，主要有兩種情況正困擾大部分年輕人：一是沒有目標；二是目標模糊，有目標卻感覺每天做的事與目標無關，很無奈。

針對第一種情況，我們要學會根據自己的價值追求找到目標；而針對第二種情況，則需要進行目標管理，落實目標，否則就會陷入空談。因為沒有目標造成的最直接的結果就是浪費時間和精力，這等於是在浪費人生中最寶貴的資源。

圖 4-1 大部分年輕人對目標的兩個困擾

下面幾個場景你是否熟悉？

場景一：

　　某個週六，你10點多醒來，懶洋洋地躺在床上，無所事事地玩手機，一眨眼到中午了，你隨便點了份外送，吃完又想睡了，想著週末就是用來休息的，於是打算再睡一下下。你一覺睡到下午5點多，晚上自然又是在漫無目的地滑刷手機、休息。思考這一天的收穫和成長，你會發現幾乎沒有，而你最想要的透過週末獲得的「好好休息」的感覺，也在這種懶散、無聊、拖拖拉拉的時光中被消耗了。週一到公司，你感受到的是沒有充分休息的疲憊。假如真的多給你三五天，仍然用這樣的狀態度過，你就能好好休息嗎？再接著想一想，這樣生活的一天，你的人生中有多少？

場景二：

身為一個在大城市工作的人，你的加班強度不容忽視，在你的感受裡，你不但工作量很大，而且工作內容很混亂。主管們的想法似乎一天一變，各種報表、記錄，既繁瑣又耗費精力。一開始你之所以喜歡自己的工作性質，是因為和自己念的科系相符，而且企業也不錯，但是你越來越感覺這樣忙和亂的日子沒有盡頭，你的情緒也因為工作壓力變得不好，夜晚會產生焦慮感，還會失眠，也經常胃痛。你的情緒被帶到與家人、朋友的相處中，無法排解。最近，你發現自己對待身邊親近人的態度越來越差，感覺耐心在一整天的工作中幾乎被消耗殆盡，回到家有一點不順心就想發脾氣。

場景三：

從畢業到現在，你進入職場已經 5 年，卻還是一名底層負責執行的員工，雖說你並不太討厭現在的工作內容，但總感覺自己沒有成長，也不知道自己的未來在何方。你感受到了職涯發展的焦慮，為了改善這種焦慮，你迫切地覺得自己需要「學習」，於是報了一大堆各種面向的網路課程：溝通的、英語的、專案管理的、思維方式的，甚至是哲學的（因為你覺得自己深度思考的能力不夠，想透過學習哲學加以培養），每天似乎一有業餘時間你就在學習，但你越學越焦慮。就這樣，一年一年過去了，你感覺自己不但什麼都沒學到，還浪費了很多錢，覺得自己的前途更渺茫了。

這三種場景就是典型的沒有目標或目標模糊導致的時間、精力的浪費，具體包括體力的浪費、情緒的浪費、注意力的浪費。人的一生其實很短暫，除了吃飯、睡覺、社交等這些必要行為所用的時間，真正能用於工作、追求自己想要的生活的時間，可能只有三十多年，浪費了太可惜。要想提高自己的目標敏銳度，你一定要找到對自己非常重要的價值目標。

▶ 為什麼找到價值目標如此重要

這裡和大家分享我的學員小琳的故事。

小琳是一名財務經理，今年 24 歲，她說自己最大的問題是每天都很忙，手頭工作做到一半就會被電話打斷，對方要麼是有緊急到必須馬上處理的事情，要麼是有需要頻繁協調、溝通的事情，總之非常耽誤自己的「正事」。處理完雜事之後通常都快下班了，小琳因此又要加班處理自己手頭的工作。白天這麼辛苦，晚上回到家就會覺得「終於時間屬於自己了」，然後犒賞自己吃點零食或看劇放鬆，經常到了該睡覺的時間還是停不下來，然後第二天無精打采，如此周而復始，惡性循環……她覺得自己很茫然，不知道人這一輩子是為了什麼而活。

小琳說她的確希望生活得更有成就一些，但又不太確定應該做些什麼。「周圍不少人受到種種困擾，聽了他們的遭遇，我莫名其妙地開始擔心自己，工作讓人精疲力竭，我對家人漸漸也失去了耐

心，經常覺得消極、被動，不由自主地嘲諷別人，常常感到焦躁不安。我也懶得和朋友聯絡了。總之一切似乎都很提不起勁。」

事實上，小琳現在投入很多的精力來應對外界的要求，以致她不清楚自己究竟想從生活中得到什麼。當我問她是什麼給了她生活的熱情，讓她產生有意義的感覺時，她完全回答不出來。她承認，儘管她的工作職位提升了，但她對工作也不像以前那樣有熱情，放假回家也沒什麼假期的愉悅感。小琳缺乏明確的目標，因而無法進入與明確的目標連結後才能出現的精力充沛的狀態。她沒有什麼堅定不移的價值觀，因此也沒有太大的動力來好好照顧自己的身體、控制自己的煩躁情緒、區分任務的急緩以便集中精力。

有這麼多讓她忙碌的事，小琳幾乎沒有精力考慮她所做的選擇是不是她想要的。想到生活方方面面中的感受，只會讓她覺得很不舒服，而且她覺得自己似乎什麼也改變不了。當我遞給她人生價值模組表時，小琳陷入了深深的思考。後來在引導她填寫表格的過程中，我發現她缺乏讓自己的目標清晰化、可執行的技能，而這個技能對一個人長久、良好的精力管理至關重要。

如果你瞭解精力管理的理念，就會知道人的精力有四大能量來源（見圖 4-2），其中最高階的是目標意義感，它讓人充分調動自己，全情投入，這樣能產生的力量稱得上是無窮無盡的。

這個意義感，可以源自你此生的追求，想過的生活，也可以源自你每年、每月、每天的目標，做起來最感到開心、滿足的事。

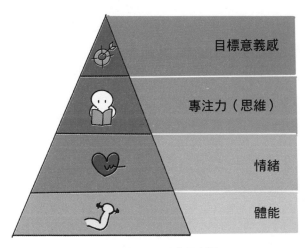

圖 4-2 精力的四大能量來源

這些目標和追求是驅動我們前進的巨大動力。有意義感的人目標感十足，每天都充滿動力。

為什麼現在很多導師都推薦大家做目標管理，就是因為目標會帶來掌控感，配合行動力，你的生活和工作會因此變得有秩序、有節奏。你不會原地打轉，做的每件事都目的明確、效率滿滿，並且每天、每週、每月，都在進行與目標緊密連接的產出。

如果你能找到一個真正激動人心的目標並為之奮鬥，你所釋放的能量和之前會完全不同。強大的精神能量來自堅定的價值觀和超越眼前、讓人怦然心動的目標。

「我在搬磚」和「我在參與建設這座城市」，「我在替製藥公司老闆工作」和「我在做一件對疾病領域發展和患者生活品質都非常有價值的事」，帶給你的意義感和價值感完全不同。在這兩個例子

中，抱有後一種想法，你產生的動力和你在遇到相同遇到挫折時的反應會和抱有前一種想法時完全不同。

那麼，什麼是有價值追求的目標呢？

是那些能讓你得到價值提升、對你有激勵性質的目標。這類目標有四個關鍵要點。

1. 你內心喜歡做、讓你產生成就感、讓你快樂。

2. 讓你可以不斷得到正回饋（這種正回饋可以是利益，也可以是某種認可或成就感，甚至是某種快樂和滿足）。

3. 長期來看有價值累積。

4. 在很長一段時間內不會輕易變化，很容易延展成 3 年、5 年規劃，甚至人生規劃。

毫無疑問，價值目標是避免你跑偏的北極星。

圖 4-3 價值目標的四個關鍵要點

▶ 用兩步簡單找到價值目標

那麼如何找到自己的價值目標呢？

其實每個人都有找到自己的目標的方法，相信大家在不同的目標或者個人成長管理訓練營中也學習過一些方法。有些人喜歡用價值觀排序，有些人喜歡描繪願景，然後從願景梳理出目標，我認為最好的方法是打分數評估法，它可以清晰量化你的價值目標。步驟也很簡單。

> **第一步，找出你過去 1 年中追求的某幾件事情或目標，選擇 1 個，用以下 5 個方向衡量這個目標帶給你的價值感**

時間：你投入到這個目標中的時間值。具體來說，你在過去 1 個月為這件事投入了多少時間？分別是哪些時間段？

金錢：你願意為達成這個目標付出多少金錢，比如報名課程、購買相關的產品等。你在過去 1 個月內投入了多少金錢？都購買了些什麼？

投入度：在達成這個目標的過程中，你的精神層面和心智層面各有多少投入。你的真實感受是怎樣的？這種感受源自怎樣的體驗？多用幾個形容詞描述它。

成就感：你達成這個目標後的成就感有多強烈？

未來的價值：你達成的這個目標在未來的價值是怎樣的？會為你帶來持續提升和成長感嗎？

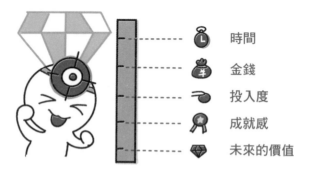

圖 4-4 5 個層面衡量目標帶給你的價值感

針對每一個層面，對你的目標打分數，每個目標下每個層面的滿分為 100 分，把 5 個層面的得分加起來，可以得到關於這個目標的總分，然後進行排序。

透過這種方法，我們能對自己正在嘗試的多個目標進行排序，進一步得知什麼樣的目標是自己覺得有價值並願意持續投入的。

當然，在一開始的探索階段，你的價值追求可能會有調整，但是最終會漸漸定型。

同時，每達成一個目標，在進行下一次嘗試時，你可以多問自己幾個問題進行檢視，更好的指導未來的行動。

具體的覆盤方法我們在本章關於「覆盤」的小節中再介紹，下面是幾個我常用的引發思考的問題。

1. 這件事成功在哪個部分？失敗在哪個部分？

2. 這件事是否與之前我做成其他事有相通點？過程中有哪些行為是我「一向能做的」？哪些是我「經常錯的」？

3. 我還能怎麼做來提高效率、改善結果或獲得額外的加分？

4. 做這些事情需要用到哪些我擅長的通用技能？

5. 還有哪些技能是做這件事需要但是我沒有的？對此未來我可以有哪些提升方法？

6. 我有哪些可以用的資源？

7. 我還有哪些沒有用的資源？

8. 我還可以請教誰？

正常情況下，你多接觸同一類型的事，總能摸索出一些規律。如果你從一開始就能有意識地尋找事物與事物之間的聯繫，並且找出有自己特色、相對成功的做成一件事的方法，你就能更容易探索出規律。把這條探索之路走通、走順，不斷挑戰自己處理問題的能力，讓自己的能力不斷提升，再把這些成功的經驗複製到新的興趣、愛好上，你就會有一種「快速成長」的感覺。

同時要注意二八原則，當梳理出你的價值追求與目標後，要把80% 的時間、金錢、精力、資源等，投入你「最願意達成的」價值目標中。

目標明確：

給大腦可執行的科學指令

工作和學習時無法長時間投入其中、專注力差、行動力差的問題，是現代人普遍擁有的。一些人在工作、學習時經常神遊天外，在看影集時卻廢寢忘食，你是不是在「正事」的「全心全意投入」方面也有困難？比爾蓋茲曾說，他能成功的唯一原因就是專注。可是，普通人到底要怎樣提升自己的目標感和專注力呢？

如何快速進入狀態、保持專注要想集中注意力，重點是給大腦一個描述清晰、可執行、讓注意力能集中的行動指令，並把這個指令變成大腦最關注的資訊。

如果你的任務足夠清晰精準，符合大腦的行動指令和規律，那麼大腦本身的生理機制就能自動降低其對周圍無關資訊刺激的關注度，進而讓你的注意力相對集中在需要關注的刺激上。而針對大腦

最關注的這個指令，有四個特點很關鍵：清晰精準、可執行、有時限、有明確的交付結果。不斷給大腦下達有這四個特點的任務，大腦就會越來越有「專注做事」的習慣。

我們的大腦，其實相當於十分複雜、由龐大的神經網路構成的超級電腦，只有指令清晰明確時，要運行的程式才能被打開。

以下 3 個關鍵做法可以幫你養成快速進入專注狀態的習慣，提高工作和學習的效率。

第 1 個關鍵做法：給大腦可執行的程式命令。

你設定的目標任務要盡量清晰、可執行、有時限，而且要有明確的交付結果，這樣大腦會感覺「很願意投入這個工作」。如果你設定的任務過於願景化、不具體、難以實際執行，那麼大腦很容易陷入「到底要我做什麼」的狀態，不利於你保持專注。

比如，你想在半年內提高寫作水準，比較下面這兩個任務。

▸ 第一個任務：我要學習寫作，提高寫作水準。

▸ 第二個任務：接下來的一小時，我要搜索市面上有關寫作的書籍，透過參考各種推薦和讀者評分等進行分類整理，並透過列出表格找到 3 本比較好的書，為接下來的深入學習做準備。

顯然，第二個任務更容易讓大腦瞭解你「到底要做什麼」，並且第二個任務對應的具體任務更容易讓大腦快速完成它。第一個任務給大腦的指令實際上是模糊的，大腦根本無法判斷什麼是當下應該

聚焦的目標資訊，什麼是當下應該降低關注度的資訊，自然就會感到混亂，這時人表現出來的行為是：拿著手機左翻一下，右翻一下，不知道要找什麼，注意力隨時被轉移。

第二個任務為什麼可以讓人進入精力集中的狀態呢？因為比起第一個任務，第二個的任務更清晰、具體。有具體的時間、目標，明確的指令要求，這樣大腦馬上就會知道要如何處理：我要蒐集資訊，挑選與「提升寫作能力」相關的書籍，降低對除此之外的資訊的關注度；這一小時我需要投入精力，我的預估產出是整理出一個表格。確認了上述內容後，大腦就開始執行了。

這樣，每次都專注於完成一個小任務，一個一個任務累積起來，就完成了你「提升寫作能力」的目標。

再比如，你要交給上司一套專案規劃方案，比較下面這兩個任務。

圖 4-5 給大腦可執行的程式命令

> 我要在下週三之前完成一套 XX 專案規劃方案給老闆。

> 我要在今天下午 3 ～ 5 點的 2 小時內完成 XX 專案規劃方案的框架簡報，包括背景、目的、主要設計、時間表等要素。在明天下午 2 ～ 4 點的 2 小時內完成 XX 專案的初步簡報。

顯然，後一種任務描述方式讓大腦更易「聚焦」，也更有「操作感」，而且完成後你也會更有成就感和掌控感。

總之，用類似的方法把大任務分解成幾個小步驟和小任務，給每個步驟和任務設定完成的時段和具體、可執行的指令，就能順利地讓大腦進入專注狀態。

第 2 個關鍵做法：建立專注工作的儀式感

你可以建立一種儀式感，在進入專注工作狀態之前設定一套固定的程式，用這套程式幫助大腦建立「快速進入專注工作狀態」的條件反射。

我在不同場合都和大家講過一個簡單的、可以自行培養的讓你進入專注狀態的「條件反射」——正式開始工作前緩慢而專注地喝一杯水。這是一個我常用的固定程式：安靜地坐下來、打開電腦，喝一杯我最喜歡的茉莉花茶或者只是一杯白開水，喜歡喝什麼就喝什麼。

這樣做的目的是讓你在進入工作狀態之前，用這杯水提醒你的大腦：我現在準備進入專注工作的狀態了，我要專注於當下任務了。這會讓你的大腦開始收斂思緒，當這杯水喝完，你的大腦也就開啟

了專注狀態。

養成這樣的習慣後，大腦對這個固定程式就像形成了儀式感一樣，能更容易地識別它，產生條件反射。每當你進行這個動作時，大腦都會「自動」進入專注狀態。

第 3 個關鍵做法：提前為進入專注狀態做準備

比如，很多人在早上剛剛進入公司時很難進入專注狀態，通常會先坐在那裡倒茶水、收拾桌子、和同事不緊不慢地說話，之後再開始工作。我提供給大家的方法是能讓大家在通勤的路上就開始「進入專注狀態準備」的方式，通勤路上可以做的事很多，你可以選擇學習，也可以選擇用娛樂打發時間，同時還可以選擇為你當天的工作進入專注狀態做準備。

我具體是怎麼做的呢？那時我搭計程車上班，在車裡的 30 分鐘中，10 分鐘被我用來和司機聊天，20 分鐘被我用來處理工作事宜或開電話會議。

為什麼要和司機聊天 10 分鐘呢？在保持積極情緒的 6 大技巧裡，有一個技巧是建立聯繫。與陌生人或周邊的朋友進行簡短的溝通，可以幫我們放鬆心情、減輕壓力、改善狀態。在剩下的 20 分鐘工作時間裡，我有時會進行一個電話會議，有時會簡單處理一下工作，總之當我抵達公司時，因為已經有了這 30 分鐘的準備，我整個人已處於工作狀態。

抵達辦公室後，我可以直接進入比較專注的工作狀態。坐到辦

公桌前，我的大腦與工作能快速建立較強的連結，也做好了全心投入的準備，因此整個上午的工作效率就會特別高。再加上我每天都有明確的待辦事項，每天的任務目標被明確分配到上午、下午的時段，一旦進入專注狀態，我就立刻「著手於今天的目標」。

這樣的一天結束後，我的產出是很高的。

▶ 區分願望清單與行動清單

分享我的一個學員的案例，這個學員是一個非常自律的人，尤其是在健身方面。他的健身計畫幾乎風雨無阻，身材保持得很好，精神也很好。他希望自己的人生能有所成就，也清楚自己在人生中想得到什麼。

但是他發現自己的行動力很差，工作時總是拖拖拉拉。

他來我這裡諮詢時，經常拿著寫滿待辦事項的清單給我看，這份清單中的待辦事項涉及工作、生活、愛情、家庭等各方面，看起來非常積極。但第一天結束後，他就會發現其實自己根本做不完這些事。這讓他特別有挫敗感，覺得自己是一個意志力不堅定而且很拖延的人。

其實他的行動清單是一個非常好的幫助管理目標和行動的工具，但是想用好這個工具不能只重視形式，一定要分清願望清單與行動清單之間的差別。

這兩個清單確實很容易混淆。**願望清單可以很長，也可以很短，**

但它是你「想要」做的事情，對你有長期價值。而行動清單是你在接下來很短的時間內要完成的任務，是需要快速完成的事情。

如果不把願望清單變成行動清單，你的願望是無法實現的。這就是很多人雖然想法很多，讀了那麼多書，學了那麼多道理，卻依然過不好一生的原因。不論你頭腦中的願望與想法是怎樣的，這些願望與想法如果不變成行動方案，那麼除了能給你一些虛幻的激勵之外毫無意義。

比如，你想學美妝，想讓自己變漂亮，這只是一個願望，這個願望本身不構成明確的行動指導。所以，如果只把這個願望列入行動清單，寫在當天的待辦事項裡，列一條「我要學美妝」，其實沒有任何可實際作業的。這種情況最容易帶來的結果就是你不知道該怎麼做，最終陷入拖延和自我否定的循環。

正確的做法應該是以一個較長的時間為單位，比如年、季、月、週，制定自己的願望清單，然後把這個願望清單分解成可以達成這個願望的行動清單，這個行動清單才是你每天要完成的。

仍以學習美妝為例，我們可以分解動作，形成行動清單。比如今天要搜索一些比較好的、公眾認可度比較高的美妝 KOL 的自媒體帳號，追蹤她們，觀看、學習她們的幾個影片，先簡單瞭解美妝，建立一些對美妝的認知，這才是行動清單。

在這個行動清單下，你採取行動、邁出第一步就非常容易了。第二天，還是針對學美妝這個願望，你可以有下一個操作步驟。比如昨天看了 10 個美妝 KOL 的影片，你發現其中某個 KOL 的分享

對你來說很有用，比較適合像你這樣的初學者，因此你特別注意這位 KOL，然後每天透過看她的 1 ～ 2 支影片學習實際做法，從零基礎開始，一步步向更高級的妝容邁進。這些步驟才是你每天的待辦事項，將這些事情分解到每一天中，事件的完成率就會比較高。比起願望清單，行動清單更容易實踐。

所以說，目標敏銳度不僅要求你明確想要達成的目標，更要求你對達成這個目標的路徑有一定認知。你清楚流程、過程和分解動作，可以透過自己的深入思考或查閱資料清晰地表達整個流程，合理分解流程並付諸實踐。

再舉個例子對比一下：

這是一份願望清單——

1. 我今年要出版兩本書。

2. 我今年要升職為經理。

3. 我要有一個相對幸福圓滿的家庭。

4. 我想經營一個社群專頁來推廣自己，讓自己向更多人表達自己的想法。

5. 我想賺更多錢，讓自己相對更自由。

這是一份行動清單——

1. 今天花一小時列出第一本書的大綱。

2. 今天花半小時研究一下我想從現在所任職的職位升任為經理，要達到哪些職位要求。

3. 今天開始在我經營的兩個讀書群組中向大家傳達「我準備擺脫單身狀態，希望開始相親」的訊息。

4. 今天花半小時坐下來思考，如果經營社群專頁，我想傳遞的內容是什麼，社群專頁的定位和目標受眾是什麼人，要先思考清楚這些問題並寫在筆記本上，然後可以和朋友討論。

5. 今天我開始學習理財知識，我想瞭解薪資收入之外的收入途徑，以及資產、負債的整體邏輯目標。另外，確定學習的方式是讀書，還是跟著財經自媒體學習，學習相關知識後切記要有一定的自我輸出。

請盡可能分解步驟，步驟越清晰，指令越可執行，目標越容易達成。總之，良好的目標敏銳度可以讓你對目標更敏感，並且讓達成目標的路徑更清晰。

優化路徑：

用覆盤和反思達成目標

在這本書裡我反覆強調覆盤。人的一生都在學習，如果不想讓自己前面學了後面忘，合上書就把知識還給老師，過了一年和過了一天沒什麼差別，那你就要學會不斷覆盤和反思。覆盤和反思是提升洞察力最好的方法。

正確、高效地使用覆盤和反思，你就可以逐漸反覆調整、擁有更好的洞察力，不斷優化達成目標的路徑。

覆盤和反思十分重要心理學的一個研究顯示，人們在行動過程中是否有意識地進行某種行為，對行動的最終結果的影響很大。透過記錄過程，人們可以有某種行為改變。這項研究結論已經被很多心理學實驗驗證。

有一個以飯店的清掃阿姨為對象進行的研究。研究者將清掃阿

姨分為兩組。A 組阿姨在每天的打掃過程中將卡路里一覽表放在房間裡。研究人員讓 A 組阿姨在一天的工作束後計算、填寫自己一天所消耗的卡路里。包括將床單從床上拿下來、重新鋪床、打掃浴室、更換毛巾等動作各消耗多少卡路里。而 B 組阿姨則僅只完成清掃工作，不記錄卡路里消耗量。

兩組被要求做的所有工作同往常一樣。結果發現，A 組阿姨的體脂下降了，血液的健康度提高了，身體年齡都減輕了；而 B 組阿姨的身體並沒有什麼變化。僅僅透過記錄意識到工作和勞動對健康有益，就能夠讓身體狀況變好，這的確是一件神奇的事。實驗結果表示，同樣的時間內做同樣的事，是否有意識地去做，產生的效果可能天差地別。

同樣的理論也可以被運用到注意力訓練上，你可以這樣做：記錄自己在什麼時間、什麼場所可以順利地集中注意力。持續進行這個行為，你的大腦會產生習慣，然後每到這個時間段、這個場所中，你的注意力都會自然而然地集中。隱藏在潛意識中的力量是很強大的，注意到它你就會有效地利用它。

因為「記錄」的過程其實就是聯想、啟發、歸納、演繹，是調用自己現有的知識理解過去一段時間發生的事情。這種透過書寫記錄和調用知識來解構、重構問題的過程，是記錄最有價值的部分，也是記錄幫助我們快速提升學習能力的關鍵。福爾摩斯曾說：「你只是在看，並沒有觀察。」記錄可以讓你「主動觀察」，我在前文探討如何培養洞察力時和大家分享了在職業生涯早期主動針對任何會議

做會議記錄，這也是培養「主動觀察」能力的過程，這個過程會促使你進行大量的深入思考，提升你的洞察力。

「覆盤」可以使我們深入、系統地思考，看到更接近本質的規律，指導我們未來的行動。透過主動進行覆盤，我們可以從最小的經歷中有最大的收穫。通常，我每天的覆盤是在上下班的通勤時間中完成。每天我上下班差不多要用一小時，按照每天 8 小時計算，一年中 40 多天的時間都在路上，浪費了太可惜，每天用 15 分鐘覆盤，會帶給你非常大的成長。

▶ 簡單又有效的覆盤方法

向大家介紹三個我常用的覆盤方法。

一是「案例法」：把生活案例化，即使是很小的事

成甲老師在《好好學習》一書中專門講到了這個方法：把反思這類我們只有在遇到重大事件才會做的偶發行為，變成主動、持續的行為。比如，記錄覆盤日記，並對自己的行為作出回饋並思考改進措施。特別強調的是，在記錄時不要做流水帳，要有效記錄，而有效記錄的要素除了事件本身，還包括當時的感受、情緒、思考過程、重要決策因素等。有效記錄，才能抓住日常工作和生活中寶貴的改進空間。

圖 4-6 把生活案例化

　　以我的一個學員為例，她是一個職業婦女，婆婆幫助她一起照顧孩子。婆婆對一些事物的見解和她不同，生活習慣和衛生習慣也和她不一樣，她們在最初的相處過程中產生了很多矛盾。那麼如何從「我」的角度盡量規避這些矛盾，持續改善婆媳關係，並最終達到為孩子創造健康、舒適的成長環境這個目的呢？她開始用記錄和覆盤來「觀察」婆媳相處過程中的點點滴滴，連續一個月記錄和摸索婆婆的性格特點與生活習慣，記錄婆婆在什麼情況下容易有情緒變化等細節，她一邊持續進行觀察和記錄，一邊也觀察和記錄自己在這些情況下的情緒、心理和行為。經過一段時間的記錄，她製作了相應的分析表，計畫了對應行動，根據婆婆的性格特點調整了自己的眾多行為和語言，盡量創造和諧的家庭氛圍。

　　總結起來，生活案例化要注意現象──背後的原因──解決方法。前文案例中的具體實踐如下：

1. 「缺乏主動交流」是她婆婆性格中的一個顯著特點，她喜歡自己琢磨事情，把琢磨出的結論當作「事實」。這位學員的解決方法是，改變自己的溝通風格，凡事主動溝通，說在前面，避免婆婆想歪。

2. 「長久以來的衛生習慣和她不同」是她婆婆的另一個特點。但是想到老人家一輩子也不容易，這位學員從未對婆婆的這個特點說過一句否定的話，總是有時間就自己默默收拾，同時也盡量提高自己對偶爾較混亂的環境的耐受力。

3. 「總喜歡在孩子專心看動畫、玩玩具時給孩子食物或叫孩子的名字」，這樣非常影響孩子保持專注。這位學員曾經嘗試與婆婆溝通，但是婆婆不以為然。後來她觀察到，為了省事，孩子吃飯的地方被放置了一個平板電腦支架，孩子一坐在那裡就想看平板電腦，但同時又要吃飯，所以就會頻繁出現這種「打擾」的模式。於是這位學員把支架放到其他位置，讓支架與孩子吃飯的場景嚴格分離，杜絕了「邊吃邊看」的情況。

同時，她透過觀察、記錄和覆盤，還發現自己講話太快，有時一著急說話聲音也會很大，這就會引起婆婆的抗議，婆婆也會因此拒絕接受建議。

她後來開始改變自己在家中的說話速度，以「更順利地解決問題」為目的和婆婆溝通。

透過把生活中的小事案例化，她發現了很多以前從沒注意到的問題。

透過改變自己的溝通方式和行為方式，她順利地解決了家庭紛爭。她還把這些觀察、思考的結果應用到工作中，她的人際關係也因此越來越融洽了。

二是「主題清單法」：針對某個主題，檢視近期的工作和學習

比如思考「如何更好地與上司溝通」、「如何更好地與團隊合作」等主題，嘗試自己回答這些問題，並根據近期的表現（比如一個月內的經驗）來反思總結。

用主題清單法覆盤可以是框架式的，也可以展開論證。框架式的覆盤是用一張 A4 紙記錄完成的，我在前文中為大家介紹過用一張紙思考的方法，這是一種非常好的針對某個主題對自己進行思考訓練的方法，步驟簡單、易進行，隨時隨地都可以進行，我們回顧一下具體步驟。

1. 在紙張第 1 行列出問題，問題往往針對某個主題。
2. 在第 2 ～ 6 行，列出你能想到的關於這個問題的答案（比如，尋找專業人士諮詢解決方案也算一種答案）。

也可以用這種方法對你讀過的書、上過的課、新讀的文章、最近新經歷的教訓進行覆盤。

如果對這個主題的框架感興趣，可以繼續延展，不斷地深入思考這個主題。比如用一張紙和分類延展的方法做一個專案企劃。我自己的第一套線上的精力管理課程，也是透過對諮詢案例的覆盤完成的。

我在懷孕期間集中接受學員們的諮詢，每次諮詢結束後都會用半小時覆盤這次諮詢。回頭檢視單個案例時，通常我會問自己以下幾個問題。

1. 學員有什麼困惑？

2. 學員期望解決什麼問題？

3. 學員都問了我哪幾個問題？

4. 我分別是如何回答的？

5. 哪些答案令對方滿意，哪些答案令對方不滿意？

6. 哪些答案我還可以改善？

7. 哪些答案在未來的諮詢中可以通用？

對多個案例進行統一覆盤時，通常我會問自己以下幾個問題。

1. 學員有哪些具有共通點、出現頻率較高的困惑？

2. 學員期望得到解決的問題大概分為哪幾類？

3. 哪些答案是具有共通性的，可以按照總結出的模組來回答？

4. 可否設計出合適的工具來分析學員的答案？

5. 哪些答案可以延展成一篇論點鮮明的文章分享到社群平台？

6. 在我給出的解決方案中，哪些方案可以整理輸出為系統性文章？

後來，我對覆盤的結果進行了分類整理。

1. 將我問學員的問題中，比較簡單、屬於資訊瞭解層面的問題，提前做成問卷，諮詢前直接發放並收集。

2. 對於學員常問我的一些基本的個人問題，提前列好答案，諮詢時可以直接向對方展示，以節省時間。

3. 將重複率較高、值得仔細回答的問題，整理輸出為系統課程。

　　面試之後，我也經常總結 HR 和直線上司常問的問題，因此雖然我面試的次數不多，但是每次都非常有收穫，這些收穫對我之後的面試和我與 HR 的交流都特別有指導意義。

　　後來，這些收穫讓我形成了一套有關履歷優化和面試準備的諮詢體系，我的面試常見問題清單包括以下幾點。

1. 簡單介紹你的過往經歷。

2. 說說你為什麼對這個職位感興趣。

3. 你覺得自己最優秀的能力是什麼。

4. 舉個例子說明你過去處理過的一個難題。

5. 舉個例子說明你過去的一個成就。

6. 舉個例子說明你性格中的優勢或劣勢。

7. 你覺得這個職位對你來說可能存在什麼風險。

8. 如果面試成功，你在這個職位將要做的最重要的三件事是什麼。為什麼要做這些事。

9. 你有什麼想問面試官或想進一步瞭解的。

三是「輸出學習法」

　　這個方法有很多人用，屬於學習金字塔中的「最有效學習法」，

詮釋了費曼學習法。簡單來說，這種方法讓你用輸出督促你對輸入的知識的理解程度，屬於「邊走邊看」的學習方法，複述知識是強化知識的過程，也是讓知識屬於你自己的過程。費曼學習法就是最精煉的「輸出學習法」，用自己的話複述所學的內容，講給沒有相關背景知識的新手或門外漢聽，如果對方聽懂了，那就說明你完全掌握了這個知識；如果無法講解，那就回頭繼續學習，直到自己完全弄懂並可以輕鬆講給別人、讓別人聽懂為止。

覆盤是一種刻意練習的方法，持續覆盤就等於持續刻意練習思考。這是「訓練思維肌肉」的良方。你可以透過刻意練習發現和掌握規律，提升認知能力。同時，覆盤的過程也是構建認知框架的過程，只有構建了認知框架，才能自如地調動、融會、使用知識。

覆盤和反思會引導你發現自己工作和生活中的底層邏輯，並將底層邏輯與現實問題真正地結合並應用起來，實現知行合一。複雜的世界是由簡單的基本規律決定的，並且「世界是一個複雜的、由各因素相互影響的動態系統」。這兩個假設非常關鍵。人與世界的發展「因果相承」。因而，透過覆盤讓自己的經驗與認知交互呈螺旋狀上升，再加入時間變數，在某種程度上，你就可以設計自己的人生。

目標敏銳度：

好目標能帶來源源不斷的動力

　　本節為大家重點介紹目標敏銳度。好的目標能夠帶給你源源不斷的行動力。行動力，是職業五力模型★中的第二層能力。在管理學概念中，一個人具有行動力是指一個人能策劃戰略，具備超強的自製力，同時能夠突破自己，透過一步一步分解動作達成目標。

　　行動力的關鍵是為自己形成「正向激勵」的良性循環。優秀的行動力背後一定有著長時間的自我訓練。整體來說，想提升行動力要注意以下五個方面。

★五力：包括成長力、行動力、影響力、思考力和領導力。

　　動機是成功的關鍵因素，很多人之所以成功，很多時候只是因為在某些事上保持了比其他人更持久和強烈的動機。深度激發自己的動機，可以在一定程度上提升行動力，啟動正向激勵的良性循環。

　　站在心理學角度，動機一共可以分為以下 4 種，每種都能以不同的方式影響我們的行為，促使我們做出改變。

1. **內在──正向的動機**：發自內心地鼓勵我們做出積極行為的動機，比 如挑戰、期望、激情、滿足感、自我確認等，往往能夠帶給我們內心的成就感和價值感，使我們完成並鞏固整個行為改變過程。

圖 4-7 想提升行動力要注意的五個面向

2. **外在──正向的動機**：被外在的好處驅動，比如他人的欣賞和承認，或者經濟上的獎勵。它可能會帶來一些行為改變，讓人產生一些成就感，但是因為這種動機依賴於他人或外界給予的獎賞和好處，所以其影響力往往也是短暫的，影響範

圍也是狹窄的。

3. **內在──反向的動機**：被內心的負面感覺所驅動，比如感到被威脅，因害怕失敗而產生空虛感、不安全感等。它可能會帶來一些行為改變，但也可能使人回到改變之前，恢復原狀。

4. **外在──反向的動機**：被外界可能出現的不良影響驅動，比如可能不被他人給予足夠的尊重，有經濟、人際上的壓力，有來自自己非常重視的人的壓力，陷入不穩定的生活，等等。它可能會使人成功，但更有可能讓人回到改變之前──被逼著做出的改變都很難維持，容易恢復原狀。

如果你希望自己能夠長期擁有行動力，就需要找到內在──正向的動機。

第二，這種行動在動機的指導下以目標為導向

有了動機，你還要有具體的目標。行動力和自我感動的努力之間的區別，就在於你的行動是否真的能讓你接近目標。所以你在行動之前一定先要有明確的目標，有了目標你才能在行動時果敢、堅持。目標一定要是具體可見、可量化追蹤、有時間限制的。

第三，只有大目標還不夠，還需要有分解動作

半途而廢也是一種極為常見的行動力不足的表現。宏大的目標會讓人在想起來時激情澎湃，在實際要進行時卻不知道從哪裡下手，因為大目標沒有被分解為可進行的具體動作。

第四，你要成功做到第一個分解動作

比如你說要去運動，那麼穿上運動鞋出門就是第一步，是第一個分解動作。通常情況下第一個分解動作會引發一連串的動作。所謂萬事開頭難，一旦你踏出第一步，事情也就開始推動了。再比如，你需要做簡報來進行工作彙報，你因為不擅長而內心抗拒，也一直在拖延，那麼你的第一個分解動作就是打開電腦，新建一份空白的簡報，把工作彙報主題打在螢幕上，並開始做整理簡報框架的心理準備，框架內容是什麼或者它是否完美並不重要，重要的是你在簡報檔案裡打字。而一旦開始打字，你就會發現你的大腦在躍躍欲試地準備進入工作狀態了。

「第一個分解動作」就像一個啟動動作，比如，你要開車，那就轉一下鑰匙，發動引擎，然後開動這輛車，就這麼簡單。

第五，在行動的過程中，創造讓你可以及時評估、修正的機會，也就是創造回饋的機會

這個評估可以來自你自己，比如你在減肥過程中用一些電子的運動輔助工具說明自己記錄和回饋；或者來自你周圍的朋友，比如你在學習新技能的過程中收到了同事對你階段性進步的認可，或者你在工作中、在專案推進的過程中收到了主管的正面回饋等。

這個評估與回饋的過程，本質上是一種「正面激勵」的條件訓練方式。

人通常都可以用條件反射來激勵自己，強化自己的某些行為。

當行動帶給自己正面的回饋時，我們就會去加強這種行為。

除了以上五個需要注意的方面，我再為大家總結幾條提升行動力的小竅門。

1. 學會全心全意投入當下，面對此刻開始考慮如何分解步驟、解決問題、實現目標。

2. 深入瞭解自己，挖掘自己的價值認同在哪裡，進一步找到內在——正向的動機。

3. 專門找時間按照重要緊急程度排序，鄭重地寫下你要做的事，列出你的要做事項清單，每個事項都盡量寫短一點。篩選重要的任務、客觀評估可行性本身就是能力，不要心血來潮寫很多，做不完你會更抗拒行動。只要能做完要做事項清單上最重要的 2 ～ 3 件，就已經是進步。

4. 把注意力集中在「具體做什麼和怎樣做得更好」上，而不是放在「要是某某事件發生了我要怎麼辦」上。不要把注意力放在對未來的消極假設上，不要杞人憂天。

5. 用小成就點燃激情。從小步驟做起，完成最簡單的事，你就已經是個行動者。

總之，行動力其實也是一個習慣，瞄準目標、果斷行動、迅速進入狀態，待你養成了這個習慣，你就會自帶加速度。擁有優秀的行動力，做任何事你都會不由自主地追求高效率，如果經過 1 年時間的累積，優秀行動力帶來的成果一定很豐厚。

變革敏銳度

——客觀認知挫折，對未知事物保持好奇心

心理韌性：

遭遇打擊或失敗怎麼辦

變化無處不在，唯一不變的就是變化本身。

工作和競爭不可能總是得償所願。當遭遇打擊、失敗或巨大變化時，有些人可以稍作調整就重整旗鼓，再次出發，有些人則一蹶不振、憂鬱消沉。如何做到不被一時的得失、變故、損失左右，客觀看待變化、壓力和期望呢？其中的關鍵是心理韌性。

▶ 你真的不被主管喜歡嗎？

心理韌性是指心理層面承受壓力、挫折、變化後快速復原的能力，是心理的柔韌程度，能反映人在壓力和變化之下管理思維方式和情緒、做出判斷的能力，也是抵抗打擊、應對變化的能力。**心理**

韌性決定了一個人在面對困難和不確定性時的思維方式與行為。

心理韌性弱的人，在高壓和高度變化的環境下往往無法處理好思考方式與情緒，容易出現無法深入思考、精力損耗、效率低下、關係破裂、錯失機會等狀況。心理韌性強的人，在高壓和高度變化的環境下能表現出更專業、冷靜的思考與解決問題的能力，通常不會情緒失控、過度消耗精力，反而能抓住機會，快速進入深入思考的狀態，改變現狀。

圖 5-1 心理韌性的強與弱

剛開始工作時，我的心理韌性也很弱，整個人脆弱敏感、看問題不客觀。後來，我努力「提升自己的職場鈍感力」，持續覆盤，培養自己更客觀地看待自己、看待變化的環境的能力，訓練自己用更長遠的眼光理解問題，不受困於任何低谷或變故，由此慢慢變得更加自信，也有了更好的職業發展前景。

擁有這種鈍感力和對抗挫折的能力，就是心理韌性強的表現，

這些能力就像肌肉一樣，是可以透過後天的刻意訓練提升的，而且這些訓練在日常工作和生活中就可以進行。

人生像是一場馬拉松，堅持到最後才是最大的勝利。很多時候，人們的思考容易受困於當下，愛鑽牛角尖，看不到未來的風景。尤其是當你正在遭受打擊時，會特別容易忘記自己到底想要什麼。

我有一名諮詢學員，印象中她是一位積極向上、樂觀的業務經理。前幾次，她都是做效率提升和精力管理方面的諮詢，忽然有一次她對我說：「外界的變化太快了，我心情非常鬱悶，自己也沒有什麼能力，也不想繼續工作了，真想辭職去玩。」

仔細詢問之後發現，原來是因為她認為新上任的直屬主管非常不喜歡她，具體原因不詳，總之就是特別不喜歡她。她是一個能被他人認可所激勵的人，但這位主管不但不認可她，還經常打擊她，讓她總有一種挫敗感，覺得自己各方面都非常不順。比如開會時，基本上她發言後，主管就會給予方向性的否定，也從不給她大客戶的資源，而且只要不是迫不得已，出去洽談商務合作肯定不會帶她，還總派一些文書類的工作給她。要知道，她可是一個時刻準備衝出去打仗的業務經理。

對此她感到非常鬱悶，覺得自己要被淘汰了，但她很喜歡這份工作，因此不知所措的她來找我諮詢，希望我能幫她分析主管不喜歡她的原因，以及她該如何應對。

我聽後並沒有直接回答她的問題，因為新上任的主管喜不喜歡你，那不是你能決定的。在這個問題上花精力很可能是無用的，不

如花點精力做有意義的事。

我幫她整理了她的實際情況和工作業績，發現她的銷售業績在過去 3 個月有所下滑，她原本計畫用近兩季的業績爭取高級經理的升職機會，現在她因為業績不好而失去了晉升資格。找不到被嫌棄的原因，又無法快速提升業績，她的心情相當鬱悶。

據瞭解，主管上任後不久就要她做一對一的工作彙報，問了她很多專業問題，業績不好的她有些心虛，還有些緊張，問題回答得都不好。主管對此很不滿意，直接說她思考沒框架、表達沒邏輯、缺乏策略思維，就是一個衝在一線喝酒應酬、能隨時被替代的業務。

被這樣一說，她更受打擊了。別說升職無望，似乎連工作都保不住了，因此她更加戰戰兢兢，能有好業績才怪。在後來的合作中，主管總是有意無意地讓她在會議上報告工作，點名讓她發言卻又否定她的發言，商務會談還刻意不帶她去，這讓她覺得自己被主管嫌棄。她陷入這種情緒中難以自拔，根本無心認真分析市場環境的變化，以及有哪些方法可以提升自己的業績，甚至因焦慮而產生了睡眠障礙，一到公司就忍不住開啟「抱怨模式」。

瞭解完這一切，我對她說，換工作不是不可以，但是換工作的理由不應該是「逃離」，而應該是「想要」。任何以逃離為目的而換的工作，最終還是會導致下一次的逃離，所以她要改變自己面對挫折和打擊時的思考方式。

為了幫助她看清實際情況，我問了她以下幾個問題：

1. 現在你認為的「主管不喜歡我」是你的主觀判斷，還是對方的直

接表達？

2. 主管提出的關於你的策略思考、表達技巧等問題，是不是真實存在的問題？

3. 主管讓你在會議上發言，有沒有可能是有意在訓練你當眾發言、組織語言的能力？

4. 你能說出自己以前業績好但現在業績不好的具體原因嗎？用第一點、第二點、第三點來表述，從最重要的說起。

5. 假如你和你現在的主管互換位置，你對自己的表現滿意嗎？

而為了幫她看清自己的需求，我又問了她以下幾個問題。

1. 你還記得選擇做業務的初衷是什麼嗎？看中了這份工作的哪些特點？

2. 你還記得你給自己立下的 3 年職業發展目標是什麼嗎？如果用一個進度條表示，你的目標達成了百分之多少？

3. 對你來說，「被主管喜歡」和「專心把業績做好」哪個更重要？為什麼？

4. 假如讓你重新整理自己未來 3 年的職業發展目標，你會寫下哪些關鍵？

5. 如果真的跳槽去求職，你清楚自己在職業發展過程中的需求嗎？你能把它們列出來嗎？

同時，為了幫助她重新將思維聚焦於「如何做好業績」，我又問

了她以下問題。

1. 如果讓你分析業績最近下滑的原因，你覺得有哪些分析層面？可以從外部、內部、人、產品等多個層面進行分析。

2. 過去一季，外部市場環境有什麼變化嗎？是否受到一些行業新政策的影響，是否出現了新的競爭產品？或者已有競品出現了新的銷售模式？

3. 過去一季，公司內部環境有什麼變化嗎？是否有一些新的流程、策略影響了產品的銷售？你現有的銷售管道穩定嗎？有沒有一些你沒有捕捉到的新變化？等等。

4. 你是否可以向過去一季銷售業績不錯的同事取經？甚至向你的直屬主管虛心求教？

這些問題讓她陷入沉思，更關鍵的是，因為開始專心回答這些問題，她的焦慮情緒和自我否定消失了。她開始正視自己的問題和主管的需求，也開始更深入地理解自己的目標。在 1 小時的諮詢結束後，她重新變成了那個躊躇滿志、充滿自信心的「準業務精英」了。她對我說：「瑞米老師，你說得對，當我把目標重新整理清楚後，我的心情平靜多了，也不想跳槽了，也許我可以用對待客戶的心態來對待我的主管，把和主管的關係維護好，重新獲得主管的認可，而不是像鴕鳥一樣逃避。」

很多時候，我們覺得自己遇到的事情如同跨不過的高山，可是一番抽絲剝繭後就會發現，這些事情不過是一點小波動，與未來那

個更清晰的目標相比，當下的變故與情緒顯得那麼渺小。

現實工作中，除了找導師諮詢，如果能有人不斷提醒你或者自己想辦法提醒自己，未來還有一個更高遠的目標，當下這點小打擊、小挫折、小變化不算什麼，會大大緩解你當下因受打擊而產生的低落情緒和挫敗感。

▶培養心理韌性的三個方法

這裡再介紹一下我在工作實踐過程中總結出來的三個培養心理韌性的方法。

方法一：始終提醒自己銘記目標，保持自我激勵

你可以使用以下三個工具：目標提醒頁、關鍵問題清單和目標回顧日記。

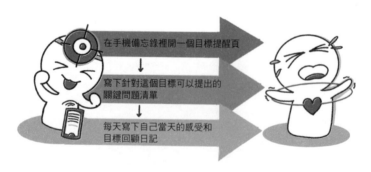

圖 5-2 用目標進行激勵的三個工具

第一個工具：目標提醒頁

你可以在手機備忘錄裡開一個目標提醒頁，用文字描述你的人生追求、年度目標或月度分解目標。這些都是讓你想起來就備受激勵的目標，你可以把這些目標複製在備忘錄裡，當作你的目標提醒頁，時刻提醒自己什麼是重要的人生追求。每天早晨起來拿出來看一看，當你著眼於長遠的目標時，眼下的困難和糾結也就不算什麼了。

第二個工具：關鍵問題清單

你可以在目標提醒頁後再加一頁，寫下針對這個目標可以提出的關鍵問題清單，清單中有可以引導、提醒自己在達成這個目標的過程中，可能出現的關於內外部一切因素和環境分析的問題。在感到事情不順利、進展受阻時，你可以拿出這份清單，對照著回答那些問題，釐清自己的思緒。關鍵問題清單可以定期反覆調整、升級。

第三個工具：目標回顧日記

你還可以在關鍵問題清單後再加一頁，每天寫下自己當天的感受和目標回顧日記，寫下在達成長遠目標的過程中，你有了哪些小的里程碑或小成就。寫著寫著你就會發現，你已經能從當前沮喪的情緒中抽離，漸漸平復，並且你會因為長遠目標的激勵重燃鬥志，學會對「變化」進行客觀、冷靜的分析。寫完目標回顧日記，請認真存檔，以便日後回顧。所謂「放眼全局大目標，著手當下小成就」。

方法二：建立定期記錄和整理成就事件的習慣

簡單來說，就是多想想自己以前有「多厲害」，完成過哪些當時看起來不可能的事。很多人之所以來找我做職業生涯規劃或人生規劃，就是因為在職場或人生的某個階段遇到了困難，覺得自己無法克服了。我在做諮詢前，經常會讓對方填寫一個量表，量表中有一些需要填寫的事項，包括「回憶並仔細整理出你過去幾年職業生涯中的三個成就」。這個做法非常有效，很多來做諮詢的人的第一句話就是「不回想都快忘記了自己原來還有這樣的成績」，越寫越覺得自信滿滿。

所以，你在平時也可以養成整理成就事件的習慣，做每日覆盤時想一想今天有什麼小成就、小開心、小進步，並記錄下來，感到低落時翻出來看一看。這是心理學上非常有效的一個方法，可以幫助人們更加認識自己、給自己打氣。的確，人們經常忘記自己的那些成就，反而特別容易因為失敗的尷尬深深記住那些自己沒做好、被批評、受打擊的瞬間，反覆咀嚼、反覆自我打擊。

具體來說，你可以寫下自己感到驕傲的個性、掌握的生活技能、得到的讚美、付出的愛心、提出的創意、影響過的人等。盡量豐富你的列表。

你還可以每過幾天就再寫一些新的事情，持續更新。你可以把成就事件列表放在床邊或手機備忘錄裡，這樣就不會遺漏睡前或起床時腦海中冒出的想法，要讓它成為一個一直在變化、一直有所補充的動態清單。

以下是我從一些學員的列表中摘錄的例子，你可以參考這些例子。

1. 找到了自己喜歡的工作，雖然充滿挑戰卻過得充實、有成長感。
2. 持續運動瘦身，2 個月瘦了 2.5 公斤，並控制了自己的飲食。
3. 自己烤了一個很不錯的蛋糕，得到朋友們的一致好評。
4. 利用業餘時間學習了高階的表格技巧。
5. 學習了一個關於精力管理的線上課程並付諸實踐，感覺自己的行動力有所提升。

如果馬上想不出來，你還可以約你的朋友們聊聊天，看看在他們眼裡你取得過哪些「成就」。

1. 你曾在什麼時候很好地應對了困境嗎？
2. 哪些個人特質讓當時的你克服了困難、獲得了朋友們的讚賞？
3. 你做過的哪些事情讓朋友們特別佩服？

方法三：轉換視角

試著讓自己以第二人稱的方式與自己對話，把自己稱為「你」；或者從當下走出來，站在未來想像當下的情形。思緒與當下的境遇「保持距離」可以讓你更客觀、更理智、更具有分析能力，這個觀點經過科學的心理學實驗證明。

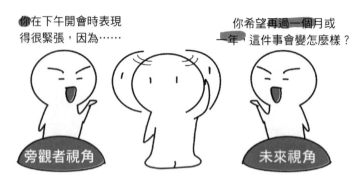

圖 5-3 站在旁觀者視角和未來視角

這個原理很好理解，我們常在深陷自我否定和各種情緒時無法客觀判斷問題，卻可以在朋友們遇到挫折時客觀冷靜地幫助對方分析形勢。所以，如果你能「做自己的朋友和旁觀者」，以第二人稱的角度分析問題、提出建議，那麼你的思緒會清晰得多。

旁觀者視角，與自己對話。

比如，你對下午的一個客戶拜訪感到緊張，那麼你與其對自己說「我很擔心今天下午的客戶拜訪，因為……」，不如用第二人稱對自己說「你對下午的客戶拜訪感到很緊張，因為……」。

未來視角，與自己對話。

問自己：「再過一個月或一年，我會怎麼看待這件事？」這個方法很簡單——直接拉長時間間隔來看待一件事。你可以對未來有明確的預期，比如「你」希望再過一個月或一年，這件事變成什麼樣子？為了達成預期，「你」現在應該開始做什麼？

快樂的能力：

積極心理學和挫折修復系統，讓你從容應對變化

　　不同的人眼中會有不同的世界。我看到過因為自己身材矮小，就自卑到甚至有些極端的同學（真實事件，其實他非常優秀，年年獲得獎學金）；也看到過同樣身材矮小，卻會在演講的一開始先調侃一句「坐在後排的同學們能看到我吧」，用自嘲引發大家注意與好感的同學。同樣一件事，用不同的眼光看待，會有完全不同的結局。你如何理解快樂，決定了你將度過怎樣的人生。

▶讓自己多產生一點多巴胺——積極心理學

　　外部條件可以決定我們的快樂程度。實際上，即使你瞭解所有的外部條件，也只能預測出你長期快樂程度的 10%，剩下的 90%

都不是可以用外部條件預測的，它取決於你的大腦如何理解這個世界，這就是積極心理學的理念來源。

當人產生積極的心態時，多巴胺就會進入人的大腦系統，並發揮兩個作用。

第一，使人更快樂。

第二，打開大腦中幾乎所有的學習中心，讓人以另一種更有創造力的方式適應變化。

後者帶來的效果非常關鍵。在一個連續進行 21 天、每次進行 2 分鐘的實驗裡，研究人員發現可以重新連接受試者的大腦線路，使受試者的大腦變得更積極。比如，著名的積極心理學家肖恩・阿喬爾（Shawn Achor）正在做的研究，受試者每天必須寫下 3 件他們想要感謝的事情，連續寫 21 天，每天寫 3 件新的讓自己開心、感到感恩的事情。

在實驗結束時肖恩發現，受試者的大腦會形成一種模式，那就是傾向於用積極的心態看待這個世界，而不是消極的。這讓他們更快樂，也讓他們的大腦更敏捷。冥想、感恩訓練、主動創造閒暇時間聯絡情感、偶然的善舉（寫一封郵件表揚或感謝認識的某個人）等，都是不錯的訓練積極心態的方法。透過這些行為，人們的確可以徹底改變快樂和成功的準則。這樣做不僅有積極的影響力，還可以帶來一個真正的快樂革命。

大家可以在 TED 演講上搜到肖恩・阿喬爾關於積極心理學的演講「改善工作的快樂秘訣（The happy secret to better work）」，非

常具有啟發性，而且整個演講過程沒有一點說教，風趣幽默，引人入勝。

這項讓你更樂觀、讓你的大腦更積極的能力，可以幫助你很快從挫折和變化中得到修復，以樂觀的心態和角度看問題，並快速適應正在發生的變化，迅速找到解決方案。

羅振宇曾在他的演講中提到，在如今這個時代，我們不是要「戰勝困難和變化」，而是要「習慣困難和變化」。困難和變化有時是這個世界的一種常態。遇到困難、挫折或打擊時，人不可能情緒不低落，如果你有一套易學易用的方法來幫助自己快速看清現實、恢復韌性，那麼這套方法就是你的核心競爭力。

▸ 建立挫折修復系統

為了提升你對抗變故、從挫折中修復自我的能力，我在這裡提供一個方法。你可以找個安靜的時間，倒一杯水，坐下來，打開電腦，建立一個名為「暫時的變故或挫折」的文件。注意：檔案名稱一定要是「暫時的變故或挫折」，這可以給大腦一種暗示，讓你「感覺」這件事沒那麼嚴重，完全可以被解決。

建好文件後，你可以執行以下四個步驟，建立挫折修復系統。

第一步：描述這個「變故或挫折」

先簡單地「傾倒」大腦中關於「變故或挫折的訊息」。寫下你

的大腦在面對這個變化時產生的所有想法，你可以利用以下提示完成思考：我對這個變故或挫折的預期；這個變故或挫折現在造成的結果；這個變故或挫折造成的影響；我對這個變故或挫折的感受；其他關鍵的人對這個變故或挫折的看法；最讓你感到鬱悶和無助的地方（這一點至少寫 3 個）。

在這一步，你要一直寫，直到你覺得自己把這件事的所有資訊都交代清楚了再停下。

第二步：為「變故或挫折」分類

寫完後讀一遍內容，篩選出對你來說最致命的結果或影響，然後將其分成兩類：一類是你感覺在一定程度上可以彌補、可以改變的事情；另一類是你認為自己解決不了或已經造成、無法挽回的事情。

對於第一類事情，把你可能採取的所有行動都寫下來。對於第二類事情，也就是那些你認為現在解決不了、完全無法挽回的事情，進行下面的第三步。

第三步：將第二類事情轉換成問題

前面講過，當我們把一件看似不能解決的事變成疑問時，大腦就會自動嘗試回答這個疑問，嘗試回答的過程就是努力解決這件事的過程。把第二類事情中每一件事情的有關疑問寫下來，如果能一步一步地找到每個問題的答案，問題就會迎刃而解。

關於尋找答案，你可能自己想出了解決問題的方案，也可能在

與別人的對話中突發靈感、想到辦法。通常情況下，最簡單的解決問題的方法，是向能幫上忙的人求助。現在，想一想你可以和誰討論這個問題的解決方法。這個人可以是你的導師、朋友、同事、家人、合作夥伴、團隊或任何你信賴的人。

討論時，常見的問題如下：

1. 這件事情給我的教訓是什麼？
2. 如果想讓這件事「不那麼糟」，我需要哪些條件和幫助？
3. 有哪些條件是我現階段不具備的？我該怎麼做才能具備這些條件？
4. 我可以向哪些人尋求幫助？
5. 我還可以使用哪些資源？
6. 我可能面對的風險是什麼？

第四步：設定行動計畫

在日曆中具體規劃採取行動的時間，解決每一件事情對應的每一個疑問，並給完成每個行動設定最後期限，這樣你就更有可能積極地完成它。想好可以向誰求助、需要準備哪些條件後，就行動起來。因為你之前針對這個問題已經想了很多，所以在行動時你會帶著有類似「半成品」的解決方案的系統，同時隨著疑問一個個被解答，你會感覺被激勵，情緒越來越積極。

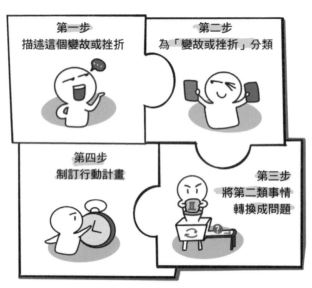

圖 5-4 用四個步驟建立挫折修復系統

　　以上四個步驟可以幫助你更客觀、細緻地看待變故與挫折，並盡量把它們轉化為可完成、有完成期限的行動。

成長型思維：

如何應對行業的高速變化

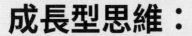

　　既然變化無處不在，那麼，我們就必須正確地面對它。

　　身處行業旋渦，我們或許做不到「任爾東西南北風，我自巋然不動」，但可以培養自己擁抱變化、多角度審視變化、提前預測變化、在變化中生存的能力。成長型思維正是培養這種能力的關鍵。

▶ 各個行業高速變化，充滿風險

　　熟悉醫藥行業的人都知道，最近幾年有一個總被提及的詞叫「帶量採購」。它是指對於那些已經過了專利期、仿製品較多的產品，國家會壓低價格帶量採購，以「薄利多銷」的策略管理競爭，並最大限度地削減製藥公司的產品利潤，減輕國家健保支付方面的負擔。

價格能有多低呢？網路上有個笑話，說某治療糖尿病的產品被帶量採購之後，價格已經低至幾分錢一顆，要是喝礦泉水吃藥，因喝藥喝的這口礦泉水可能都比這片藥貴。也許對消費者來說這是好事，但是我想站在製藥公司的角度看這件事，產品價格被削減得遠低於研發成本價，意味著公司無法用該產品擴大盈利，產品利潤微薄甚至會造成生產虧損，製藥公司無法再負擔該產品的業務推廣成本，同時也無法再負擔業務團隊和學術支援團隊。所以，當一個產品將要進入這種狀態的時期，也就是一家公司蠢蠢欲動開始裁員的時期。帶量採購正式公布的時候，也就是大量裁員發生的時候。

　　這種巨大的行業變革就發生在過去的幾年中，有多家公司的產品推廣團隊因為帶量採購而直接縮編為零。

　　如果你是該行業業務團隊和學術支持團隊中的一員，你該何去何從？

　　在這種行業變化趨勢第一次發生前，人們無法提前預知它，所以當它發生時，身為行業內的職業經理人，能否具有變革敏銳度和前瞻性，做好準備，以保證在變革出現時自己不受影響或者少受影響，就成為關鍵。有的人在發現自己正在做的產品沒有前途時，會選擇跳槽到另外一家公司換個產品繼續做類似的工作；有的人則留下來觀察在這種變化發生時組織的變化，從中尋找機會，甚至藉機升職。帶量採購的產品要不要推廣、怎麼推廣其實都是未知的，也存在多種可能，如果你有想法，公司很可能會給你機會實現它。

　　但是，不管選擇是走還是留，都需要具有前瞻性，等到公司開

始縮編時你再抱怨「這世界變化太快，我還沒準備好」已毫無意義。變化發生時，你的思考不應該是下文這種下意識、情緒化的。

1. 為什麼行業會這樣？我當初是不是選錯了！

2. 為什麼這種事會發生在我的身上？

3. 這不公平，我太不幸了，好委屈！

4. 我太差勁了！為什麼不裁掉別人而裁掉我！

這些問題和自我攻擊除了讓你更加沮喪、缺乏行動力、被動挨打，沒有任何意義。你應該進行積極思考。

1. 已經發生的這件事對公司和個人會產生哪些影響？哪些是顯性的影響？哪些是隱性的影響？

2. 在未來 6 個月，行業內還可能發生類似的事情嗎？

3. 現在我有沒有可能做點不一樣的事，在這種變化中找到一些機會？

4. 之後我該怎樣規劃自己的職業發展，以此避免自己處於這樣的漩渦？

如果你無法快速想到解決方案，可以問自己如下問題。

1. 我可以向哪些資深人士諮詢並獲得一些指導？

2. 我可以從哪些行業發展資訊中獲得一些啟示？

3 我是否需要趁這個機會給自己一個職業發展的 gap year，好好探尋自己在職業發展方面的思維方式和行為模式，以求在未來的競爭中更有優勢？

這些開放性的問題，可以讓你更深入地審視自己，同時找到新的可能。

這是個人層面的思考，關於公司層面，其實我們也應該有所思考。雖然公司的管理決策是公司股東應該考慮的事情，但是身為員工，如果我們能有意識地訓練自己從股東和管理層角度思考問題，那麼我們對未來趨勢的會越來越有把握，變革敏感度也會越來越強。

比如，在公司層面，為了避免產品在未來進入「帶量採購」的狀態，是否可以提前做些策略佈局和組織準備？順著這個思路思考，你就可以找到可能的「策略性解決方案」。例如，公司應該在研發方面投入更多的資金，開發新產品，讓更多的新產品線在專利期內為公司賺取利潤，填補專利期外老產品的利潤下降。又如，公司要研究與國家帶量採購政策相對應的治療領域，在這些治療領域內布下更多的產品線，不斷更新換代，讓老產品快速退出一線市場，或者進入更下沉、更廣闊的市場，讓新產品更快地上市，在一線市場迅速投入使用。這些都是在變化來臨之前我們可以做準備的方向。

我們需要培養變革敏銳度，它對個人職業發展來說非常關鍵。

▶ 成長型思維

成長型思維是心理學家卡蘿‧德威克（Carol Dweck）提出的，成長型思維的核心在於：始終自我檢驗、自我發展、自我激勵和擁有責任感。

擁有成長型思維的人，可以在任何時候接受自己的不完美，並願意找出原因，持續完善自身的思維和行動模式，不斷適應變化，甚至引導變革。

用成長型思維武裝自己，你的人生會有質的提升。

多年來，我從除了博士學位之外毫無其他競爭力的新人，從丟三落四、自卑敏感、溝通能力差、情商低、思考憨直、顧頭不顧尾、差點連實習都沒通過的職場菜鳥，到歷經 14 年的醫學、業務、培訓、市場、數位化行銷等多個職位的磨煉逆襲成公司的保留型人才，並成功地將精力管理這個業餘愛好發展為諮詢培訓副業。下面這些認知和心態都是我刻意練習過的，其中有好幾條都與面對職場逆境時的心態、面對變化時的敏銳度有關。

1. 正確面對他人的回饋。

我讀博士時比較內向，平時並不愛社交，其實社交恐懼患者，大部分都沒有穩定的內在評價體系，而是默認自己處於被別人評價的位置。這類人擔心自己的一言一行都會得到別人怎樣的評價，其實，別人的評價只是對我們當時的言行的回饋，大可不必將這種回饋當作「終身貼在身上的標籤」，要有「任爾東西南北風，我自巋然不動」的氣魄。

2. 永遠思考有什麼創新的方式能解決當下的問題。

我認為，老方法解決新問題的習慣最終會被漸漸淘汰，讓人快速適應世界變化的自我訓練方法之一，就是在變化到來時迅速尋找新的解決思路。平時還可以這樣訓練自己：哪怕對於某件事，你已

經找到了解決方案，你也可以深入思考以下問題，比如，還有沒有更好的解決方案？更有效、省錢、省時間、省力氣的解決方案？還可以從哪些角度探尋出路？這樣的訓練做得多了，你自然就有了思維多樣性，面對變化也可以寵辱不驚了。

3. 勇於承擔責任，即使在變化中，也勇於發現自己的問題。

有些人會下意識地推卸責任，大多情況下，這都是在為自己找藉口。

「昨天開會的時間比預計更久，所以我影片沒剪完。」這是在用開會的時間安排，當作沒有完成任務，養成今日事、今日畢的習慣的藉口。

「部門新換了主管，我們的配合沒有默契，所以我最近的工作做得不好。」這是用外部環境的變化，當作沒有快速對變化進行應對的藉口。

「是因為他們部門規則變了，所以我們才沒辦法把方案做出來。」這是在用別人的規則變化，當作自己沒有想辦法完成自己的工作、積極跟進的藉口。

不要因為外界環境變化怨天尤人，也別急於把一切歸咎到別人身上。大多數的埋怨，只是為了證明自己是對的，是受委屈的。而理解問題的本質，比一味地埋怨和憤怒更有意義。我現在已經很少「證明自己正確」，大部分是求同存異，並且非常開放地聆聽新的立場、觀點、變化到底在哪裡，其中有什麼可借鑒之處？多站在他人立場考慮問題，審視自己可能存在的偏見。

變革敏銳度：

如何更有效地應對變化、引領變化

本節為大家重點介紹變革敏銳度。在高速發展的網路時代,培養變革敏銳度尤其重要,與變革敏銳度相關的個人素養層面很多,除了前面幾節重點介紹的心理韌性、積極思維、挫折修復系統、成長型思維等基礎心態,本節還會針對與變革敏銳度有關的五個重要的素養,詳細講解相關概念及如何培養這些素養。

變革敏銳度是學習敏銳度的重要維度之一。變革敏銳度較高的人樂於變革和接受挑戰,會持續探索新方法並對引領組織變革充滿興趣。而良好、積極的心態是培養高超的變革敏銳度的前提。

你可以透過思考自己過往的經歷,判斷自己的變革敏銳度如何。

1. 列舉一個彌補某事或使某事轉危為安的例子。

2. 列舉一個你看到的以不同方式完成工作的機會。

3. 列舉一個過程中障礙重重、充滿冒險的變革。

4. 列舉一個你引導的不受歡迎或令人不安的變革。

5. 列舉一個你非常想實施的想法。

透過這些問題，我們可以檢視自己如何思考現狀、期待未來、面對冒險、接受挑戰、對他人的消極反應做出回應，以及實施想法。

為什麼轉危為安的能力特別重要？因為處理危機和衝突的能力在現代職業發展中非常重要，快速變化的網路世界讓很多老舊的成功模式逐漸失效，突如其來的疫情也幾乎讓每個人都感受到了危機。真正有潛力的人，要善於從危險中發現機會並快速完成轉化。那些第一批將商業模式由線下轉型為線上的人，都是能夠轉危為機的高手。

如果能以不同的方式完成工作，意味著你的思維較廣。死板、固執的人總是用既有的成功經驗應對新的變化，一遇到失敗和挫折就備受打擊，並將一切歸咎於外部因素，不思考自身怎麼改變。實際上，解決問題的辦法多種多樣，只要拓寬思路，不但有可能另闢蹊徑，甚至有可能從源頭杜絕問題發生。

▶ 五個重要的素養

按照光輝國際與相關文獻中的分析，擁有變革敏銳度的人通常具有五個重要的素養，分別是持續改進、遠見卓識、勇於嘗試、管理

創新、引導變革，具體內涵如下。

持續改進

　　具備這個素養的人能夠對事物的當前狀態保持適當的質疑精神。無論是從小的嘗試中還是從大刀闊斧式的變革中，他們都能發現快速創新和變革的好處。一些在公司內部常見的優化流程，就是持續改進的例子。如果一名員工總是嘗試進行流程的優化，那也是具有變革敏銳度的表現之一。

　　新出現的行業和職位尤其需要持續改進這個素養。前文中和大家分享過，我剛接觸醫學資訊溝通專員這個職位時，沒有任何工作指南可供借鑒，連清晰的描述、職位 KPI 及流程確認的標準都沒有。我在醫學部其他職位長久養成的工作方法和習慣並不適用於這個新興的、需要不斷向客戶快速回饋的職位，所以我和跨部門的關鍵合作團隊一起經過 1 個月的摸索與優化，提出了具體的優化醫學資訊溝通專員的工作流程的方法，如分層對接客戶並提供服務、將常見問題標準化等。這些方法大大地提高了團隊的工作效率，獲得了內外部客戶的認可。

　　不僅是新出現的行業和職位需要變革敏銳度，就算你做的事是一些習慣性的、耳熟能詳的日常工作，你也要想一想有沒有可能進一步優化工作流程，效率是否可以提高，能否產生更好的結果。這個思考會促使你引導一些變革。處於「如何能夠更有效、更有用」的思考角度，你就可以萌發出很多有關變革、創新、優化的好想法。

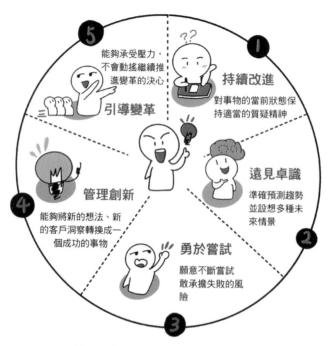

圖 5-5 擁有變革敏銳度的五個重要素養

遠見卓識

　　具備遠見卓識這個素養的人能夠準確預測趨勢，並能設想多種未來情景。他們研究歷史、趨勢、事物的相似之處和他人總結的經驗教訓，並且提出看待困境或機會的新方法。

　　你可以經常做行業報告、閱讀行業資訊，也可以經常找行業內較優秀的人進行諮詢，從他們那裡獲取相關知識和對行業的洞察，提升自己對行業的認知和敏感度。長期累積後，則會增強你對整個領域的判斷力。

勇於嘗試

具備這個素養的人願意不斷嘗試，敢承擔失敗的風險。因為失敗也是一種回饋，凡是回饋都可以從中學習。擁有變革敏銳度的人可以開放地擁抱一切結果，不管這個結果是成功還是失敗，對這類人來說，嘗試這個過程本身就是一種激勵。

一些人在中年以後甚至到了晚年還在嘗試新東西，並且堅持不懈、追求新的目標。這樣的人大多數都能有所作為，比如褚時健，他可以在 70 多歲出獄之後繼續創業，勇於嘗試，同時也敢於接受一切結果。

管理創新

這裡的管理創新並不是指對管理模式的創新，而是指創新管理者能夠將新的想法、新的客戶洞察轉換成一個成功的事物。這個成功的事物可以是一個產品，也可以是一項服務。管理創新者能非常深入地理解產品和服務在成形的整個過程中需要通過什麼路徑、需要具備哪些條件、可能遇到哪些風險。他們對於這些問題有一套清晰的思路。

從思考到落實專案的整個過程展現了變革敏銳度中管理創新這個素養。具備管理創新素養的人可以從一個「想法＋洞察」開始，打造出一個創新的「產品＋附加服務」，並落實為行動方案。

　　善於從容引導變革的人能夠承受壓力，甚至在特殊情況下依舊如此。他們通常能保持平衡客觀和同理心，好好地處理他人對變革的抗拒，並且不會動搖繼續推進變革的決心。

　　這是更高層次的素養，這類人能看到普通人看不到的未來，也能洞見可能出現的趨勢和需求。他們會堅持不懈地朝著既定方向前進，並且能帶領週遭一起朝這個方向努力。

　　很多洞察行業趨勢的人，在創業早期都經歷過這個階段，他們周圍的人「因為不瞭解，所以不看好」，而他們自己不管遭受什麼打擊，都始終堅持自己的追求。成功的企業家通常都具備這種特質。

▶ 培養變革敏銳度需要刻意練習

　　變革敏銳度可以劃分為四個層次，分別為較低、典型、較高和過度。

　　較低：處於這個層次的人對事情原來的樣子感到舒適，重視當前，堅持使用經過驗證的解決辦法，會因為他人的否定輕易打消念頭，反對創新。

　　典型：處於這個層次的人在覺察到需要改變時，會考慮「如果……會怎麼樣」，這類人願意嘗試並接受不同的方法，試著考慮他人關注的重點，喜歡用可發展的方法進行創新。

　　較高：處於這個層次的人質疑現狀，預想新的可能，總嘗試新

方法，可以在壓力之下前行，並引入大膽的創新方法。

　　過度：處於這個層次的人為了改變而尋求變革，追求變革時過於冒進，不顧他人對變革的不適。

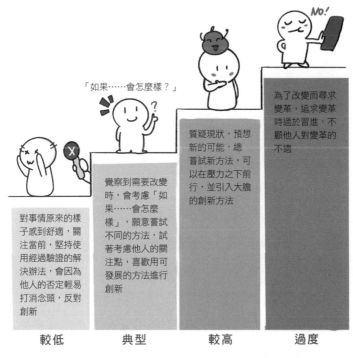

「如果……會怎麼樣？」

對事情原來的樣子感到舒適，關注當前，堅持使用經過驗證的解決辦法，會因為他人的否定輕易打消念頭，反對創新

覺察到需要改變時，會考慮「如果……會怎麼樣」，願意嘗試不同的方法，試著考慮他人的關注點，喜歡用可發展的方法進行創新

質疑現狀，預想新的可能，總嘗試新方法，可以在壓力之下前行，並引入大膽的創新方法

為了改變而尋求變革，追求變革時過於冒進，不顧他人對變革的不適

較低　　　典型　　　較高　　　過度

圖 5-6 變革敏銳度的四個層次

　　我們的目標是培養適當的變革敏銳度，成為目標明確、見識深刻、審慎冒險的人。變革是必然的趨勢，世界永遠在發展和變化之中，大到行業，小到個人生活，都是如此。我們可以透過以下 10 點培養自己的變革敏銳度。

1. 對事物有好奇心，對新鮮的想法富有激情，願意嘗試有待檢驗的事情，具有創造性和創新性，善於思考和演練「假如……然後」，並且付諸實踐。

2. 持續關注事件，並從不同的角度改善結果，善於提出多種方案，致力於持續改善。

3. 使用新視角看待舊問題，能不斷嘗試用新的辦法解決問題。

4. 不僅願意「想」，更願意「做」，永不滿足，保持變革心，能夠獨立選擇並實踐創新的想法。經常問自己：「為什麼不能做到？怎樣就可以做到？」

5. 眼光長遠，處理問題時具備韌性，能夠領先於他人承受和消化變革帶來的負面影響。

6. 不懼怕風險，不懼怕挫折，有應對變化時的剛性儲備，如存款等。

7. 發現變化後及時調整，不貪戀過往，不沉溺於沉沒成本。

8. 任何時候都有備選方案，有兩手準備。

9. 提前預測，判斷趨勢，小步快跑，試錯反覆調整，不苛求完美。

10. 要有眼光，同時有說服力，能快速展現所引導的變革將帶來的價值，讓大家參與變革。

不要用單一的方式解決問題，永遠要訓練自己用多種方式解決同一個問題的能力，慢慢地你就會發現，解決問題是有層次的，選擇在不同的層次上解決問題，你的變革敏銳度會隨之增強。

頭腦裡知識少，解決問題的方式就單一。當你頭腦中的知識足夠多、資訊儲備量足夠大時，你考慮問題時的角度就會更多元化，

也更廣闊，你在面對各種困境和問題時的解決方案也更有創新性。

所以，在培養變革敏銳度這個角度，綜合前面的案例和理論，我認為以下三個方面的事情必須做好。

1. **要用各種方式，不斷獲取最新、最重要的資訊。**

不論是自己找資訊，還是問業內專家，讓自己在相關問題和困境方面的資訊儲備量夠大。保持對行業最新資訊的敏感度，這可以幫助你產生更多的解決方案，也是培養變革敏銳度的基礎。

2. **透過刻意練習訓練自己看問題的角度。**

站在不同的立場、用不同的價值體系看待同一個問題，然後尋找解決方案。

3. **對於已經找到解決方法的問題，要訓練自己有意識地思考有沒有可能存在更有效的解決方法。**

能不能更快速地解決這個問題，或者有沒有可能存在與當前模式完全不一樣的解決方式，以及有沒有可能用解決這個問題的方法解決某一類問題。

這些訓練都可以幫助你提升整體的變革敏銳度。

總之，變革敏銳度是可以透過訓練得到的，看問題的角度、深度、廣度與變革敏銳度緊密相關。如果你能在職業生涯的一開始就有意識地觀察、瞭解、辨別、訓練自己的變革敏銳度，多從事物的積極面出發，多提升自己對「可能性」的認知，你的變革敏銳度必將越來越強，未來的發展前途也將不可限量。

結果敏銳度

——一個人與一支隊伍

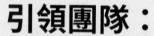

引領團隊：

領導力的四個發展階段

　　成功是每一家公司都追求的。很多優秀人才在單打獨鬥時特別有「結果導向」意識，也能一次又一次創造好業績，而成為主管之後卻發現，驅動「結果導向」完全不像一個人奮鬥時那麼容易。

▶ 初當團隊主管，我也踩雷

　　我在職業生涯早期沒有什麼領導力，甚至可以說是一個失敗的主管。

　　印象中第一次帶團隊帶了兩個人，這兩個人性格迥異，一個乖巧懂事，另一個獨立自主。乖巧懂事是我的評價，她比較聽話，我讓做什麼就做什麼，不少做一分，也不多做一分。當年我以為這是

好事，但現在來看，其實這是有欠缺的：主動性和擔當都不夠，只顧掃好自己門前的雪，其餘的不聞不問，如果醬油瓶不歸她管，真的是倒了都不會去扶。

另一個成員相對能幹，績效卻不穩定，做事總挑剔，而且口氣很硬。每當我指出不足之處，她總能第一時間拋出很多「理直氣壯」的藉口，經常弄得我哭笑不得。當時我畢竟也很年輕，沒有太強的定力和包容心，無法理解她的立場，也不會循序漸進地引導她，雙方產生了很多分歧，以至於後面我對她很不滿意，而她也去找人事經理，說我對她「過分嚴格」。

現在回想起來，不管這個員工的素養怎麼樣，當時我的功力的確不夠。一個好的主管應該可以管理和引導任何下屬，能用適當的方式激勵對方、幫助對方成長。

透過在職場中累積、歷練，漸漸地，在遇到任何類型的下屬時我都能談笑風生地對其施加影響，因人而異地與之溝通，給予有效的（不僅是正面的）回饋來幫助對方成長，達成團隊績效。

其實，我覺得領導力不是一項單獨的能力，而是一項綜合能力，是一種高階的影響力，領導力強弱並不取決於職位的高低，而取決於我們能否從宏觀和大局出發看問題。領導力代表一種更遠大的思維和責任格局，關鍵在於我們能否跳出個人局限，以整體、多面、均衡的思路帶領團隊應對複雜的世界。

領導力是具有前瞻性、引導力、責任心和管理能力的綜合，能持續為他人賦能，激發每個人的潛力，讓大家有更優秀的表現。其

實在職場中很多團隊的高層主管擁有的只是管理能力和技巧，很多執行能力強的員工反而能將領導力發揮得淋漓盡致，他們把自己視作激勵者、協調人或溝通的橋樑，得以更好地發揮領導力與影響力。人力資源領域有個非常著名的詞，叫作 influence/lead without authority，即沒有權威職位情況下的領導力／影響力。

在國際組織與領導力協會（IAOL）的高級領導團隊發展專案中，人們嘗試定義「個人領導力框架」，提出領導力包含如下兩層含義。

一是「處事」，包含能力和經歷。其中，能力是指技能和行為；經歷是指經驗和反思、應對的能力，這兩點共同決定我們的處事結果。

二是「做人」，包含人格特質和動機。人格特質是指個人具有的特質、資質、個性和智力；動機則是指影響個人職業路徑、目標的興趣和價值觀，這兩點共同決定我們將去往哪裡、成為誰。

圖 6-1 領導力的兩層含義

評估一個人的領導力時，我們會探索這個人為什麼這樣做事、這樣選擇，其激情、動力都來自哪裡，以及他會引導團隊用什麼樣的激情去做事。追根究柢，領導力代表值得信任的能力和值得期待的共同目標。

▶當主管要經歷的四個階段

大部分員工都是因為個人績效好而成為主管的，我也一樣。剛當主管的那段時間，我恨不得事無巨細，萬事親力親為。為什麼呢？因為員工做事實在是太慢了！

1. 與其耗費大量時間、精力與對方講你到底要什麼，還不如自己動手。
2. 與其講完之後對方貌似理解但交上來的東西與你想要的大相徑庭，並在這個過程中不斷浪費時間和情緒，還不如自己動手。
3. 與其拿著下屬70分的方案苦口婆心地輔導一番，還不如自己改。

我的思考有了盲點，認為什麼都沒有自己做快。我自以為是地認為：「靠他們，團隊績效會下降的。以我優秀的能力，一個人就可以是一支隊伍！」事實證明，一開始我還能救救火，但時間一長就開始吃不消了。

雖然當了主管，但自己已筋疲力盡，每天加班，任務的上傳、下達和執行，通通由我自己來。

下屬一開始還在旁邊觀察學習，但慢慢有了習得無助感，開始

「看著我忙」。有人甚至心存看熱鬧的心態，覺得「既然你那麼能幹就都你來幹吧。」

結果可想而知，不但沒有維持高績效，團隊穩定性反而成了問題——有的人因為「沒有價值感」而離開，有的人因為「沒有成長」而離開，有的人雖然留了下來卻只是在混水摸魚⋯⋯

最後，辛苦的人依然是我自己。血淚吞得多了，我才慢慢總結出經驗，認識到當主管要經歷以下四個階段。

第一階段：剛從一員大將變為主管

處於這個階段的人容易像一開始的我一樣，自己當多面手、苦行僧，急於追求績效和效率，事無巨細，事必躬親，投入大量時間、精力，卻費力不討好，與大家相處得也很不舒服。

因為潛意識裡你把自己與下屬的能力放在同一個水準下對比，你在下意識地證明自己「能幹」。處於這個階段的主管對結果有一定的敏銳度，但仍停留在透過快速單打獨鬥達成結果、證明自己屬害的個人英雄主義階段，逃不脫、放不下「與下屬比較」的執念。

第二階段：主管可以有意識地做到「自己做一部分，下屬做一部分」，開始做「局內人 + 旁觀者」

此時，你對團隊的分工相對明確，對每個下屬分別擅長什麼了然於胸，大家各司其職，可以將工作做得很好。處在這個階段的主管雖然正在逐步擺脫但還沒有完全放下「證明自己最強」的執念，

還在親自做一些可以交給下屬的事情，也還沒有完全跳出來，思考團隊最想要的是什麼、要去往何方，只知道先向前走。處於這個階段的主管，結果敏銳度的層級提升了，不再單打獨鬥，但依然無法給團隊清晰、視覺化的要求。

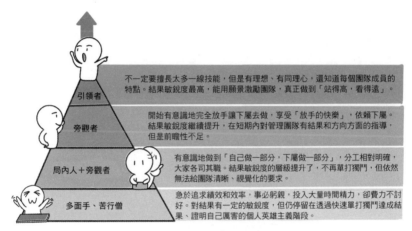

引領者
不一定要擅長太多一線技能，但是有理想、有同理心，還知道每個團隊成員的特點。結果敏銳度最高，能用願景激勵團隊，真正做到「站得高，看得遠」。

旁觀者
開始有意識地完全放手讓下屬去做，享受「放手的快樂」，依賴下屬。結果敏銳度繼續提升，在短期內對管理團隊有結果和方向方面的指導，但是前瞻性不足。

局內人＋旁觀者
有意識地做到「自己做一部分，下屬做一部分」，分工相對明確，大家各司其職。結果敏銳度的層級提升了，不再單打獨鬥，但依然無法給團隊清晰、視覺化的要求。

多面手、苦行僧
急於追求績效和效率，事必躬親，投入大量時間精力，卻費力不討好。對結果有一定的敏銳度，但仍停留在透過快速單打獨鬥達成結果、證明自己厲害的個人英雄主義階段。

圖 6-2 當主管要經歷的四個階段

第三階段：主管開始有意識地完全放手讓下屬去做，自己當旁觀者

在這個階段你會發現，當主管真的很舒服，特別是當你招到一個得心應手的下屬時，或者你把一個新人培養出來時，你就可以開始享受「放手的快樂」，這時你可能略微有點懶散，開始依賴下屬。

其實這個階段問題也很多，因為你的心態與第二階段時一樣，還在用要求普通員工的眼光要求自己，認為工作任務已經被下屬完成了，自己可以很舒服了。你沒有看到，自己身為主管，思維需要

再上一個臺階。你偶爾會有一點戰略性目標，但日常工作中很少主動做戰略性思考，遇到擋路的「妖怪」也只是讓大家打打殺殺。處於這個階段的主管，結果敏銳度繼續提升，在短期內對管理團隊有結果和方向面的指導，但是前瞻性不足。

第四階段：領導力的最高階段，此時你是引領者

你本人不一定要擅長、精通太多一線技能，但是你有理想、有抱負、有同理心，還知道每個團隊成員的特質，你可以放他們各自打拚，同時又有合適的方法把他們一個一個都「收」回來。你用共同理想「圈住」他們，一路上做他們的精神嚮導和鞭策者，直到最終完成目標。處於這個階段的主管，結果敏銳度最高，能用願景激勵團隊，真正做到比團隊成員「站得高、看得遠」。

每個主管的發展都要經歷這四個階段，很多人停留在第二階段或第三階段就不再提升了。原因是處於這兩個階段他們也可以過得比較舒服，即使團隊規模不再擴大，外部環境也不再變化，處於這兩個階段的主管也可以在一段時間內過得比較舒服。但是，要想讓自己和團隊有長足的發展，特別是以後想去做公司高管，或者做創業公司的老闆，就必須向第四個階段邁進。

而成為一名領導者，其實並不需要誰的任命。TED 演講「如何發起一場運動」講述了追隨者讓一個怪人變成領導者的故事。演講中提到，想要成為一名領導者，要做到以下幾點。

首先，你需要敢於公開展示自己的行動，藉此吸引追隨者。

其次，你要善待追隨者，因為新人加入後，在行動上模仿的往往不是你，而是你的追隨者。

最後，保持謙卑的心態，要知道你的領導者光環至少有一半來自你的追隨者。

找到一件你認為有價值的事，大膽去做，持續並公開地做下去，那樣你有很大機率會吸引一些追隨者，那時你就變成了一名領導者。帶著這群志同道合的人，你可以走得更遠。

職業經理人：

天然的凝聚力如何形成

很多企業都有一個職務，叫職業經理人。職業經理人這個稱呼有好處也有壞處，好處是聽起來非常專業、客觀、公正，壞處是這個稱呼似乎讓大家與企業構建了一種若即若離的關係。每個人都有自己的小目標，而企業的大目標則顯得太遙遠，這種想法就對團隊領導者形成了挑戰。怎樣才能讓大家在短暫的職業生涯交會期被激勵，並產生凝聚力呢？

▶ 如何建立結果導向的管理策略循環

網飛在建立結果導向的管理策略循環方面是很好的榜樣，他們致力於尋找在公共願景和價值觀方面與企業契合的人。願景可以

讓大家被共同目標激勵，繼而將這種目標分解成與個人利益切實相關的子目標，激勵每個人，提升團隊凝聚力。而價值觀可以讓大家在做選擇時有明確的標準，不至於因為個人的追求而打破公司的底線。

如果真的在企業裡遇到價值觀完全不一致的人，那麼讓對方留下來也不是什麼好事。但在大多數時候，領導者需要判斷員工的真實情況和動機，比如一個讓你感覺在混日子、坐等乾薪，僅為賺取一份收入而工作、對事情完全不負責任的員工，到底是因為他真的就有這樣的價值觀，還是因為當前職位與其不夠適合，或者對方不清楚自己的目標導致動力不足呢？原因可能是多方面的。領導者的責任就是了解員工對職位的認知、對目標的認知，再判斷這個人是能力不足還是意願和企業不一致，或者是其價值觀與企業價值觀不一致。

企業通常會要求經理們定期與員工做一對一溝通，審閱目標、進度。這樣做一方面是為了達成績效，另一方面是為了讓大家更加瞭解，讓每個人明確知道自己的責任，確保目標一致地奮鬥。

那麼，怎樣在日常工作中進行主管與下屬的循環溝通呢？我結合我對理論的學習和以往的工作經驗，總結了以下「拳法」。

管理的基本任務是學會設定策略、目標、任務，評估循環、推動循環。

達成管理任務最基本的方式是「溝通」，要學會與團隊進行高效溝通，建立高效的團隊溝通和回饋機制。

這也是為什麼在企業中非常推崇員工與老闆定期「一對一」溝通，而且這種「定期」的頻率是是非常高的，比如我所在公司的要求就是，溝通頻率盡量保持在一週一次，最低也是兩週一次。

管理的任務首先是找到有價值的企業任務。對此，彼得・杜拉克在《彼得・杜拉克的管理聖經》一書中寫得非常明確：「管理者的工作應該以能夠達成公司目標的任務為基礎，是實質工作。」管理的基本任務是把策略落實到目標，再將目標有效地分解為任務，然後根據任務執行的結果進行評估、覆盤，找到改進方案，以此確定策略調整和下一週期的目標。

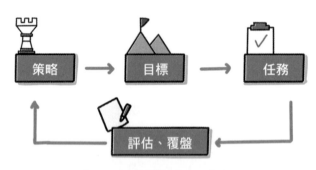

圖 6-3 建立結果導向的管理策略循環

1. **從策略到目標的循環管理。在確定任務之前，我們先要思考怎樣確定企業的策略和目標？**

即使你是一位中層管理者，也不要忽略企業策略。企業策略關係到每一位企業員工，是初級管理者的必修課。共同的願景和策略是讓企業「人心向齊」的巨大磁鐵。

任何企業都要從某種模糊的策略願景出發，用「共同的理想」凝聚和集合每一個員工的思想。因為本書是一本個人成長類圖書，關於企業管理和願景管理我就不多著墨了，我想重點與大家探討在日常工作中如何對上司與下屬的例行工作進行管理。

2. 面對團隊每天都會處理的例行工作管理。管理好例行工作最核心的辦法是什麼呢？

下面三個選項你會選哪一個？

A. 建立流程和標準制度

B. 對過程進行監督與管理

C. 對結果進行績效考核

A、B、C 看起來都很重要，大家通常認為每一步都要做好。

但是，哪個步驟是最基礎、最關鍵的呢？

正確答案是 A，而不是大多數人憑直覺選擇的 C。

實際上，管理就是要在一套有效的流程標準中不斷實踐「策略──目標──任務──評估」四個步驟。我會在本章關於團隊效率提升的部分詳細講述這個循環的操作流程。本節主要與大家分享我在實踐中總結出的關於管理途徑的心得。在這個循環的操作流程中，靠什麼途徑來進行有效的管理呢？

制定規章制度？設定績效考核目標？輔導員工？發布指令？這些不一定是你想選擇的答案，卻是大多數管理者的實際行為。這些行為本身並沒有錯，而常見的錯誤是，人們認為這些途徑足以滿足

管理的需要。其實，正確的答案應該是「溝通」，它是管理的首要途徑和有效手段。

▶ 要進行以結果為導向的溝通

在企業組織中，溝通的挑戰主要來自這些邊界所營造的距離感。

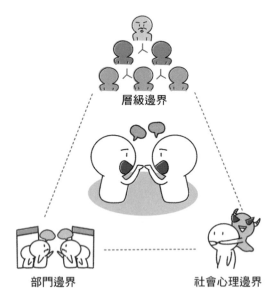

圖 6-4 企業組織的三個產生距離感的邊界

層級邊界：除了管理者和直接下屬心理上的隔閡，還包括層級邊界所營造的距離感，例如 CEO 和一線員工之間的層級距離。

部門邊界：兩個部門之間的溝通是企業的老、大、難問題。角

色和目標的差異導致不同職能部門容易只站在本部門的角度看待問題。

社會心理邊界：更困擾我們的溝通屏障來自職場中約定俗成的心理框架，比如，擔心多管閒事、害怕冒犯主管、不願打擾同事等。

在管理溝通的過程中，透明度是首要的。溝通不透明會降低團隊效率，產生策略失焦、戰術莽撞、成員誤解、重複投入等問題。

諮詢師李夏琳（Charlene Li）在其《開放式領導：分享、參與、互動 從辦公室到塗鴉牆，善用社群的新思維》一書中，首次提出了開放領導力的概念，她指出管理者的領導力不僅可以憑藉提升情商獲得，也可以在促進開放溝通的過程中增強。她在書中對企業內部的開放領導力提出以下 6 個原則。

1. 解釋說明（Explaining）

管理者從上至下的溝通常包括戰略決策、公告命令、任務指派。這些溝通大多是單向的，但不要僅僅將溝通簡化為公文，要解釋說明這個戰略決策背後的原因、如果不執行這個戰略決策會導致什麼後果、如果執行這個戰略決策還會遇到什麼挑戰等。

2. 知會（Updating）

知會是與全員進行工作溝通的基本模式。在社交網路中，最常用的預設提示是「你在想什麼」，這是一個絕佳的知會提示。

工作中，知會可以讓同事及時瞭解你的工作狀態、計畫和可

能遇到的問題。如果採用傳統的管道式工作彙報（A 向 B 彙報，B 向 C 彙報），彙報、整理、再溝通，不僅效率低下，而且會影響溝通的準確性。

3. 自由對話（Conversing）

自由對話允許和鼓勵組織成員之間直接進行溝通與協作，不需要經過部門和層級的流程。A 部門的基層員工無須透過 A 部門的主管就能夠直接和 B 部門需要配合的基層員工對話，基層員工在需要時可以直接和跨越層級的主管協作，保持在透明的環境中進行溝通即可。要充分使用知會的溝通模式，以便讓相關人員周知。

4. 開放發言（Open Mic）

開放發言指的是允許和鼓勵任何成員發起集體溝通，無論其提出什麼性質的話題。這個原則為的是讓團隊在溝通層面建立無話不說的氛圍。常見的開放發言著眼於腦力激盪式的集體創意、對管理制度和文化的意見等。初創企業尤其應該用這種文化正視問題。

5. 群眾外包（Crowdsourcing）

不同於傳統的管理者指派某人負責任務，群眾外包是指公開徵求願意負責的人、願意主動承擔的人來擔任任務負責人。對於重要和關鍵的任務，如果有主動承擔的意願作為保證，任務的完成品質則會大大提高。

6. 使用統一平臺（Platform）

為了實現開放溝通的目標，組織還應該對溝通的方式和平臺有約定及要求。

管理溝通過程中的真正挑戰來自傾聽和教練的技巧。這也是管理者成長到一定階段後必然遭遇的困境，管理者需要進行反思。教練式的「傾聽與溝通」，被公認為對發揮團隊效能最有利。

啟發式提問就是最好的教練方式。我們的大腦在聽到一個提問時運行的模式和聽到一段說教時運行的模式完全不一樣。前者會讓人快速開啟搜尋模式，尋求答案；後者則會讓人停止思考，接受程度和記憶程度也隨之降低。

領導力教練專家麥可・邦吉・史戴尼爾（Michael Bungay Stanier）在《你是來帶人，不是幫部屬做事》（The Coaching Habit）一書中，為管理者的提問提供了最佳解釋。他提出 7 個提問模式，這 7 個模式有各自的目的，但都能讓你更有效地傾聽，啟發被提問者自發找到更好的答案。

1. 幫助開啟談話的開放問題：「最近在思考什麼？」

2. 幫助持續深挖的問題：「還有什麼嗎？」

3. 幫助聚焦的問題：「在這裡，你真正的挑戰是什麼？」

4. 幫助找到基石和根源的問題：「你真正想要的是什麼？」

5. 提示讓成員自主思考和承擔的問題：「這些事情中哪些需要我幫你做？」

6. 促進戰略思考的問題：「如果我們選擇做這個，那麼你會選擇放

棄哪一個？」

7. 促進學習的提問：「今天你覺得什麼對你最有用？」

實踐中不必刻意引用這些提問例句，重要的是理解為什麼要用提問來傾聽。只有真正聽到了成員的表達，你才能明白自己所處的管理環境，才能進一步透過溝通和協調達到你的目標。失敗的管理者口中常說的是「你怎麼這麼笨？不能多長點記性嗎？」、「你同意我的意見嗎？」、「你覺得這個月做 100 萬可以嗎？」這類話，這些都不是有價值的問題。

下面是我給新晉管理者的兩個方向的建議。

第一，理解管理的基本任務。

瞭解如何確定團隊策略和目標，判斷並執行關鍵任務，用經過驗證的運營模式確定流程標準。

第二，理解達成管理任務的有效方法是「溝通」。

理解溝通中三個讓人產生距離感的邊界，利用透明溝通和開放領導力的六個原則實現順暢溝通，並用傾聽和啟發式提問來帶領和啟發員工。

共同目標：

如何快速提升團隊效率和效能

一個人跑得快，一群人跑得遠。但是如何提高整個團隊的結果敏銳度，讓大家一起跑快一點？很多剛成為主管的人都會遇到團隊效率低下的問題，甚至會覺得帶著人做事比自己做事更費勁。也有很多個人績效非常好的員工在擔任主管角色後，面對團隊績效頻頻下滑的情況感到不知所措。

▶ 用共同目標激勵，用 MVP 理念和 PDCA 理念進行管理

經常會有領導者感嘆：隊伍大了，不好帶了。其實總結一下會發現，組織大了之後效率和效能下降的原因無外乎以下幾種。

1. 跨部門的協同要求由低變高。

2. 決策流程由簡單變複雜。

3. 考慮的利益點由單一變複雜。

4. 責任邊界模糊不清,造成拖延。

想要有好的團隊績效結果,一定要基於規範的理念進行管理。重點是明確想要達成的目標,並把大目標分解成與每個人息息相關的小目標。

而整個團隊要想提高效能,MVP 理念和 PDCA 理念必不可少,這兩個理念既可以幫助企業更精準地確認目標,也可以幫助領導者獲得更好地執行結果。

我在第三章中與大家分析過 MVP 思維與相應的做事方式,而 MVP 理念是指,在工作中你需要有「先完成、後完美」的思想,不要試圖一次就要交付完美的產品,要先列框架,根據主管的需求和專案的目標把最小可交付產品的各個部分沒有遺漏地列出來,然後透過交互確認和修改進行優化。

例如,你需要製作 30 頁左右的計畫書,那麼你首先要設計封面、編寫目錄,然後估算一下頁數,在每頁簡要地寫下正文的概要和示意圖(包括折線統計圖、餅狀統計圖及採訪的評論等內容)。盡量將這些資訊寫得明確,再以此做出簡報,將成果展示給主管,然後製作正式檔案。只需要幾天時間,你就可以完成整理,完全不會浪費時間。

最後,把成果展示給主管,確認主題是否正確。在截止日期之

前，做 3～4 次進度報告，確認自己的檔案和主管所期待的內容一致，核實主管期待的內容有沒有更改。

如果你是一位主管，在讓員工製作簡報檔和資料時，一開始你就應該有明確的工作成果概要（用來展示在工作結束時應該有怎樣的交付成果）。比較熟悉了之後，大概只需要 30 分鐘就能夠詳細地寫出一篇工作成果概要，讓員工按照這個概要完成工作即可。這樣的狀態有助於穩定地推進工作，避免出現偏差，工作品質也會有所提升。遵從 MVP 理念的「工作成果概要製作方法」可以解決主管和員工之間的資訊量有差異、能力有差異、主管指示的模糊程度等問題。

我在前公司工作時，同時負責 7～10 個項目，就會用 MVP 理念輔導團隊。我在培養經驗不足的負責人時，不會給予對方過度的壓力，但在工作品質上不會妥協。

來自豐田公司管理理念的 PDCA 循環，是非常有效的管控、優化過程的工具。PDCA 循環是由計畫（Plan）、執行（Do）、檢查（Check）、改進（Act）組成的一整套管理循環工具。這個循環可以優化工作結果。

以研發某個產品為例（見表 6-1）。

表 6-1 以研發某個產品為例展示 PDCA 循環

計畫	新產品的設計、結構、外觀及功能等
執行	按照設計完成所有層面的生產
檢查	確認最初的目標是否全部達成
改進	根據內部審查回饋或者使用者回饋重新優化不足的部分和不適當的部分
計畫	重新討論該產品的設計、結構、外觀及功能
執行	進行全面的改造
檢查	確認最初的目標是否全部達成，尤其要站在用戶體驗的立場來確認
改進	繼續改造和優化不足的部分

以突破某項客戶關係為例（見表 6-2）。

表 6-2 以突破某項客戶關係為例展示 PDCA 循環

計畫	根據目標客戶的畫像和需求來製作客戶突破計畫
執行	按照客戶突破計畫，實際拜訪 10 名目標客戶
檢查	根據拜訪中客戶的回饋和建議，重新審視最初製作的客戶突破計畫
改進	根據修改後的客戶突破計畫，重新規劃如何突破客戶
計畫	優化目標客戶的畫像與明確目標客戶的需求，制定更新版的突破計畫
執行	另外拜訪 5 名客戶，獲取回饋與建議
檢查	根據回饋的結果，最終確認優化後的客戶突破計畫
改進	根據優化後的客戶突破計畫，再次規劃如何突破客戶

在實際過程中通常要多次運用 PDCA 循環，修改的部分會一次比一次細緻，產品或計畫書會越來越完善。

綜上所述，透過使用 MVP 理念和 PDCA 理念提升工作效率，領導者能更輕鬆地做出成果。這些成果可以很好地激勵自我和團隊，並不斷推動大家的績效與工作品質攀升。

▶ 高效召開工作會議，讓每一分鐘都為結果服務

不要讓會議變得又臭又長、毫無生產力，要嚴格遵守以下幾個原則。

原則一：將會議時間減半

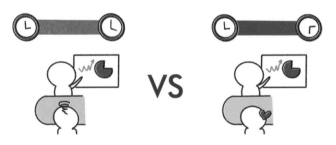

圖 6-5 原則一：將會議時間減半

很多會議的效率極其低下。為了改變這種狀況，我會主動壓縮自己主導的任何會議。原定 2 小時的，壓縮成 1 小時；原定 1 小時的，壓縮成 30 分鐘；原定 30 分鐘的，壓縮成 15 分鐘。漸漸地，我的團

隊開始以高效、雷厲風行、會議不拖泥帶水著稱。

如今，我白天的工作安排通常以 15 分鐘為單位，這個單位已經很精細了。除了需要「深潛「（deep dive）或跨部門研習的會議，通常我設置的會議時間絕不會超過 1 小時。

一週中會議通常是這樣分布的：

30 分鐘的會議為主，占一週中會議數量的 50%。

1 ～ 2 小時的會議為輔，占一週中會議數量的 30%。

其餘會議均控制在 15 分鐘內。

在這個過程中你會發現，時間縮減後參會人員的積極性反而增加了。

原則二：將會議的頻率和出席人數減半

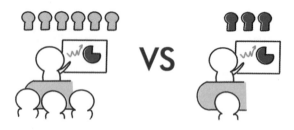

圖 6-6 原則二：將會議的頻率和出席人數減半

將會議的頻率和出席人數減半，可以有效提升效率。會議數量每半年就應該覆盤清理一次，將數量減半。同時，將參加會議的人數縮減到最少，每次都設立明確的會議目的，與會的每個人都需要發言。如果將與會人數壓縮到最少，那麼會議的總時間、總成本都

能大幅降低，自己和其他人的工作效率都會大大提高。

讓大家透過郵件共用各自看完資料，在例會上直接討論有價值的問題。

出席會議的人數越少，大家的緊張感越強烈，越能形成一次有品質的會議。

如果有 20 個人參加會議，那麼人們往往會比較鬆懈；而如果只有 3～5 個人參加會議，那麼每個人都必須非常認真地參與討論，必須認真傾聽別人的發言，避免遺漏。

原則三：迅速高效地推進會議中的討論

下面列舉幾種常見的方法。

1. 讓與會人員逐一發表自己的看法。

2. 引導持有不同觀點的人發言。

3. 不要認為發言者的聲音越大越好，要根據內容做判斷。

4. 尊重他人的發言。

5. 如果意見出現衝突，確認相同點，整理不同點。

6. 如果討論的主題發生了偏移，引導大家回到同一個範圍進行討論。

記得安排一位「會議管控負責人」，讓他管理會議的發言順序、流程和時間。

綜合應用本節介紹的 MVP 理念、PDCA 理念以及高效開會的方法，你的團隊效率和效能一定能大幅提升。

目標與關鍵結果：

如何用 OKR 管理團隊

相信大家對目標關鍵結果（OKR：Objectives and Key Results）這個管理模式並不陌生，OKR 是一種管理目標和績效的工具，是在團隊管理中用於提高結果敏銳度的非常重要的一種管理工具，更是一種內部溝通機制。OKR 的適用範圍很廣，不僅可以應用在組織管理中，也可以用在自我成長領域。使用 OKR 的目的是統一目標、激勵團隊、達成結果，最終帶來優秀的績效。

OKR 有以下四個價值。

圖 6-7 OKR 的四個價值

目標是帶有啟發性的，而關鍵結果則要實際，OKR 能夠提供聚焦、合作、追蹤、挑戰不可能這四種利器，在使用 OKR 時需要避開過程裡的陷阱。那麼實際工作中到底該如何使用 OKR 達成關鍵結果呢？

我以市場部工作的 OKR 管理過程為例，為大家闡述 OKR 在工作中的具體應用。

在市場部，一個典型的 OKR 週期從每年 7 月中旬或 8 月初開始，這時要對我們在整個治療領域今年的成果和明年全年的活動計畫（BusniessPlan，BP）OKR 進行腦力激盪。在 10 月中旬，要確認整個產品組明年全年的 BP 和第一季度的 BP，並用 OKR 的方式進行公示。

從 12 月初開始，團隊就要開始進行對話，圍繞第一季的 OKR

進行充分溝通。每個人要先提出自己這一季的目標（不過這個目標會被他人質疑），最後達成共識，這個步驟大概需要一週。第一週後，就要在整個團隊內公布每個人第一季的 OKR。因為每個人的 OKR 都會被公開，如果誰沒有設定 OKR，全團隊的人都知道，因此也不需要去催，成員們自己就會覺得不好意思，會主動溝通，把自己的 OKR 定好。這樣便於團隊設定大家都認可的 OKR，這時 OKR 的展現形式是一套詳細執行計畫。

在次年的第一季，團隊要進行回饋，即不斷追蹤和確認 OKR 的進展。回饋週期會根據不同專案的情況各有不同。有些處於關鍵節點的項目，甚至需要每天回饋，以便思考第二天如何調整。有些已經成熟的專案，可能一週才需要回饋一次。

最後，到了第一季結束時，也就是 3 月下旬，要評價這一季 OKR 的完成情況。為了更順利地完成這個步驟，我們還設計了一套專案跟蹤系統，這套系統會根據設定的產品組專案目標評分，評分的區間是 0 ～ 5 分，並且採取類似交通號誌的評價形式。4 ～ 5 分屬於綠燈區，就是基本或很好地完成了關鍵結果，下一個週期可能要設定更有挑戰性的目標；2 ～ 3 分屬於黃燈區，即雖然取得了進展，但沒能完成關鍵結果，下一個週期還需要更加努力；0 ～ 1 分屬於紅燈區，也就是在完成關鍵結果時未能取得實質進步。如果多次處於紅燈區，可能就要考慮這個項目的可行性了。

上述 OKR 執行計畫如表 6-3 所示。

評價日期：X 月 X 日　　　　　●符合進度　●低風險　●高風險

計畫	計畫 負責人	進展 狀態	本次會議 主要進展	下一步 行動計劃
1. 深度廣度推廣 加速計畫	小路	●		
2. 預算管理	小陳	●		
3. 商業預估模板	小張	●		
4. 文獻證據檢索 整理	小王	●		
5. 用戶註冊方案	小徐	●		
6. 團隊招聘	小曼	●		

表 6-3 執行計畫列表示意圖

在 OKR 環境下，任務完成 70% 就被認為是成功的。

舉一個我們在新產品上市過程中做的提升患者的項目體驗的例子。第一年的後兩季（我們的產品在年中上市，所以目標從第三季開始設定），關鍵結果是透過宣傳，年底時將社群人數從 0 擴展到 5000，將用藥後享受長期慢性病管理服務的人數擴展到 800。實際擴展的社群人數為 6700，得 5 分，屬於綠燈區；而透過護理師獲得長期慢性病管理服務的人數達到 500，得 3.1 分，屬於黃燈區，所以這個項目依然有繼續推進的可能。當時我作為專案負責人，也在與團隊不斷進行對話和回饋，積極尋找解決方案。

第二年第一季的關鍵結果是社群人數增至 9000 人（第一年每季平均新增 3000 人，全年新增 12000 人；第二年每季度平均新增

4000 人，全年增長 16000 人），透過護理師獲得長期慢性病管理服務的人數達到 800 人（第一年每季平均新增 300 人，全年新增 1200 人；第二年每季度平均新增 400 人，全年增長 1600 人）。結果，前者在第一季達到 7600 人，與 9000 人的第一季總目標相比，得 4 分，還保持在綠燈區，說明工作正在持續推進，但是勢頭比頭一年產品剛上市時有所下降，所以可以再拆解分析一下具體原因，是目標制定得不好還是第一季的完成情況不好？而透過護理師獲得長期慢性病管理服務的人數達到 720 人，得 4.5 分，說明這方面的工作已經逐漸進入正軌。

所以在第二季，我們才有信心把關鍵結果定為社群全年增長人數為 16000 人，慢性病管理服務全年增長人數為 1600 人，並使用了前所未有的宣傳和推廣手段，配合產品穩定性和使用者體驗的提升。最終，我們超額完成任務，新產品也完成了「起飛」的上市過程。

為了讓 OKR 更有效地落實，需要有對話、回饋、判斷的一套機制。這套機制與 PDCA 循環的各個步驟十分類似。

總之，OKR 中的目標是指你想要達成什麼，也就是解決「是什麼」的問題；關鍵結果則是你要如何達成目標，即解決「怎麼做」的問題。好的 OKR 管理就是要讓領導者和團隊對目標及結果的敏銳度維持在較高水準。

結果敏銳度：

在困境下獲得結果，持續對他人表現出信任

這一節為大家介紹結果敏銳度，結果敏銳度與領導力高度相關。

擁有較高結果敏銳度的人在面對挑戰時能夠充滿鬥志，並能透過智謀和激勵他人來應對挑戰或在極端困難的情況下交付成果。根據工作角色的需求，如果一個工作角色涉及創造力、新觀點、新思考方式、快速變化的領域、尚未明確或新興的業務領域和目標、負責或實施新舉措，具備較高的結果敏銳度的人會非常適合這個工作。

你可以用以下問題判斷自己的結果敏銳度如何。

思考一個你在具有挑戰性的情境下取得成果的例子。

思考一件對你來說有挑戰性的、超出你當時能力的事。

思考一段你必須完成某個任務卻沒有足夠的時間和資源去完成的經歷。

思考一個你不能完全獨立完成的具有挑戰性的任務。

思考一個你在進行一個重要項目時遭遇意外障礙的例子。

觀察你如何在資源不足的情況下工作、處理突發狀況、對挫折做出反應、專注於把事情做好並達成目標。

結果敏銳度有五個面向，分別是奮發向上、足智多謀、彰顯風範、鼓舞人心、迎難而上。

圖 6-8 結果敏銳度的五個方向

1. 奮發向上

奮發向上的人內在幹勁十足，並直接向理想的方向不斷努力。這項能力若得到正確的培養和保持，可以持續為他們提供動力。結果敏銳度較高的團隊，總是充滿積極向上的幹勁，為達成團隊目標不懈努力。

2. 足智多謀

足智多謀的人能夠想出多種解決問題的方法，並能隨時設計出新方案。對他們來說，障礙和挫折只是稍加引導就能克服的事物。

結果敏銳度較高的團隊，氛圍和諧、充滿智慧，大家可以在設定公開目標時互相分享，在執行過程中互相挑戰和激勵，不斷產生更好的解決方案。

3. 彰顯風範

善於彰顯風範的人能夠激勵他人透過限制、約束尋求新的可能性。他們展示出信心和沉著，透過建立「你們可以信賴我」的個人品牌，讓人安心。在結果敏銳度較高的團隊中，每個人都可以透過達成自己的目標來展現信心和互相信賴的團隊品牌。

4. 鼓舞人心

具備鼓舞人心能力的人能夠為了創造共同使命感而去挖掘可以激勵他人的事物。在由這樣的人構成的團隊中，大家通力合作、全力以赴，這樣的人會在團隊面對艱鉅挑戰時為團隊

注入信心。

5. 迎難而上

能夠在困難的環境下獲得一致成果，是具備迎難而上能力的人的特徵。這樣的人可以在合作中展現不怕困難、不懼挑戰的氣質，運用專注、決心、心理韌性和冒險精神，在充滿挑戰的情境中獲得成功。

結果敏銳度共分為四個層次，分別為較低、典型、較高和過度。

較低： 處於這一層的人缺乏緊迫感，堅持已經形成的思考方式和行為方式，面對挑戰時垂頭喪氣，表現出猶豫和不確定，不能給他人以信心。

典型： 處於這一層的人對較好地完成工作感到自豪，能冒一定的風險，在重重困難中依舊可以安穩地工作，適當表現出冷靜和自信，努力激勵他人。

較高： 處於這一層的人會懷著強大的能量和動力去應對挑戰，他們足智多謀，能找到完成任務的辦法，在艱苦的條件下也能成功，非常自信和鎮定，會鼓舞他人努力工作。

過度： 處於這一層的人過於壓迫自己和他人，不願接受失敗，應對挑戰時過於自信。

幸福敏銳度

——你想清楚自己要什麼了嗎？

懵懂期與半覺醒期：

那些焦慮與無奈

如果說工作時代的成長是持續蛻變，那麼學生時代的成長就是在為之後的成長作準備。縱觀我在職場上這些年的發展，我一直在朝我想去的方向逐步前進。我清楚並找到了自己最想要的，因此在奮鬥過程中覺得幸福，成功也水到渠成。而從學生時代到步入社會、踏入職場，這個過程中我也曾像絕大多數人一樣，經歷了懵懂、自卑、焦慮、無所適從、迷茫，根本不知道自己能做什麼，也根本不知道自己想要什麼。

▶ 懵懂期

很多人非常看重大學考試，但在填報大學科系志願時我們很容

易出現重大選擇錯誤。

高三填報志願時，十七八歲、沒有多少生活經驗和社會經驗的我們，對選擇什麼科系、未來從事什麼職業、人生往哪個方向走，可能沒什麼概念，以至於很多人在做完這個自以為正確的選擇之後，便將後半生花費在「順應與符合」上，越陷越深。

很多人會有以下想法：

我念的是某某科系，所以我必須從事某某行業。

我大學4年都在念這個科系，如果考研究所，我最好也考和這個領域相關的研究所。

我不喜歡某某科系，但是又無法放棄過去那幾年的付出。

大學畢業找不到工作，因為我念的科系冷門。

其實這些想法都體現了沉沒成本，都是影響我們日後做最優選擇的「干擾」。

沉沒成本，是指以往產生了但與當前決策無關的成本。從決策的角度看，以往產生的成本只是造成當前狀態的某個因素，當前決策所要考慮的是未來可能發生的、需要投入的成本及其帶來的收益，而不是以往產生的成本。

沉沒成本又稱沉落成本、沉入成本、旁置成本，主要用於專案的投資決策，與其對應的成本概念是新增成本。沉沒成本是決策非相關成本，在項目進行決策時無須考慮。與之相對，新增成本是決策相關成本，在進行專案決策時必須考慮。

沉沒成本是已發生或已承諾、無法回收的成本支出，例如失誤

造成的不可挽回的投資。沉沒成本是一種歷史成本，對現有決策而言是不可控成本，不會影響當前行為或未來決策。從這個意義上說，在進行投資決策時，理性的決策者應排除沉沒成本的干擾。

我自己就是例子。我大學讀的是自己並不特別喜歡的醫藥學。正如我在前文中所講的，我的大學生活很苦悶，那時我茫然又沒有動力，感覺自己好像什麼都沒學到。大學幾年，除了機械地應付考試，就只剩對未來無盡的迷茫。

之所以陷入那種狀況，是因為我不怎麼喜歡學醫。但是我和當時的大多數人一樣，沒什麼選擇的權力，也沒什麼選擇的能力和判斷力，學醫不過是家人從未來的職業安全感和穩定性出發，建議我做出的選擇。

高中成績一直很優秀的我，大一就被當了一科解剖學。

原因是我害怕血淋淋的場面，以至於不敢去上解剖課。一開始甚至不敢進入解剖大樓，因為解剖大樓一樓全是用福馬林浸泡著的器官或各種寄生蟲的瓶子，我每次經過時都膽戰心驚，目不斜視地拽著同學快速通過。解剖大樓五樓是停屍間，在其他同學眼裡那裡不過是客觀存在的學習場所，但在我眼裡那裡就是陰森恐怖的鬼屋。

總之，我幾乎沒正常上過解剖課，幸虧我學的是藥學，不需要每天去上解剖課。

後來的解剖學考試我自然沒通過，大一那年的春節也過得無比慘烈——我胖了十幾公斤，穿著羽絨外套就像米其林輪胎。不僅如

此，我還被通知要提前一週來學校參加補考，否則會無法畢業。當時我的焦慮可想而知，說實話，我甚至一度想退學。

後來我提前回到學校，找老師哭著說明情況，然後一個人悶在宿舍裡死記硬背解剖知識，這才勉強通過補考。

為了充實無聊的生活，防止自己變得憂鬱，我開始參加各種社團活動，熱衷於在社團裡做些打雜、跑腿的事，就為了讓自己「略有價值」。

當時醫藥學的大學畢業生在就業時沒多大的競爭力，加上我對自己的智商和情商都毫無信心，連投履歷的勇氣都沒有，於是硬著頭皮考了研究所。那時一心想著畢業後能留在醫院或學校。

我當時為什麼那麼不喜歡醫藥學還去考研究所呢？其實就是「沉沒成本」在作怪。畢業不做與所學科系相關的工作或繼續念書，那過去幾年豈不是白白浪費了？再說，其他行業的工作我也不懂，想找工作應該也沒人雇用我。所以，我就硬著頭皮決定繼續讀書，試圖透過提升學歷擁有一些安全感和心靈慰藉。

▶ 半覺醒期

但是，我發現自己又錯了，除了得知被錄取的那一瞬間有過短暫的愉悅，攻讀碩士和博士學位不僅絲毫沒有增加我的安全感，反而帶來了更嚴重的焦慮。開學沒多久，我就開始擔心自己畢業後會找不到工作，還擔心自己又胖又不好看，未來嫁不出去；又擔心自

己天天與化學、生物試劑為伍，會影響身體健康或是生出畸形兒等等。總之，我擔驚受怕，處於極大的焦慮之中。

博士畢業前夕，26 歲的我對人生依然充滿了迷茫。我在所學方面不夠專業，不善交際，似乎沒有適應社會的能力，像一個一事無成、能力又差的書呆子，這樣下去，我未來肯定會被社會淘汰。而我的同學們比我早進入社會幾年，已經在不同的職位上成為骨幹。有段時間我癡迷於考各種證書，包括營養師、電腦等級考試、英語能力考試、執業藥師等，彷彿多考一個證書就能給自己多留一點適應社會的「本錢」。

除了對未來的工作充滿擔憂，我還飽受肥胖的痛苦。大一剛入學時，18 歲的我才 54 公斤（我身高 173 公分），不過一年多的時間我就長到了 72 公斤。

焦慮洶湧而來，困擾無法擺脫，這時我開始持續寫短日記，記錄想法和心情，隔段時間回過頭去看看當時的自己是怎麼想的。藉助這樣的方式，我的焦慮慢慢減緩了一些。畢業後我確實艱難地度過了幾年，主要是因為我性格敏感、自尊心強、社會經驗不足、能力又差。但我一直用寫日記的方法來自我療癒。工作幾年後，我又去讀了一個應用心理學的在職碩士學位，那時我才發現，當時的自己誤打誤撞地用了一個對抗焦慮、觀察自己的很好的方法。我把它叫作焦慮記錄法。這個方法不僅幫我擺脫了焦慮，還讓我收穫了不錯的事業，後來我開始進行高效的精力管理，體型也改善了。

35 歲、38 歲的我和 18 歲的我在各個方面幾乎都判若兩人，時

間流逝，我變得更自信、開朗，也更從容。

　　到底什麼是焦慮？壓力和焦慮是我們在日常工作和生活中頻繁遇到的狀況，客觀、良性的壓力讓我們更有動力，但更多的時候，我們感受到的壓力是誇張、惡性的，當一個人出於種種原因感覺到某種壓力、威脅，進而失去安全感卻對此無能為力時，焦慮就產生了。

　　你有沒有發現，焦慮的背後一定是某種恐懼和擔憂。但是焦慮和恐懼不完全是同一回事。處於恐懼的狀態時，危險是看得見、客觀的，而焦慮往往是人們對未發生的事情的擔憂，在焦慮的狀態下，人往往會武斷地做出消極的判斷。

　　比如一個人生病了，如果他知道自己患有很嚴重的病，就會恐懼；但如果他還在等診斷結果，想到自己的病可能會很嚴重，就會焦慮。如果說恐懼是一個人面對現實危險的正常反應，那麼焦慮就是面對潛在的，甚至想像中的危險的過度反應。焦慮有以下兩個特點。

圖 7-1 焦慮的兩個特點

第一，焦慮背後一定是恐懼。

第二，焦慮是我們對還沒有發生的事情的負面想像。

理解這兩點，是理解因壓力而產生的焦慮的基礎。焦慮本身就像恐懼、悲傷一樣，是一種應激反應，是無法避免的情緒。只有在確認自己安全時，焦慮才會消失。而當你所處的外界環境暫時無法改變時，焦慮記錄法是一種很好的內在解決法。

什麼是焦慮記錄法？你可以想成製作一本自己的焦慮日記。感到焦慮時，像寫日記一樣，先把思緒記錄下來。

你要透過不同角度的記錄，再度明確讓你焦慮的情境、你的焦慮等級、你此時的想法和焦慮發生的時間等資訊。最好專程準備一本筆記本，用筆寫下來。如果你想保存記錄的電子版留著以後看，那就找個隨時隨地能寫的電子備忘錄或可以儲存到雲端的應用程式。

最重要的是，在「確認情緒」的過程中，你要尋找焦慮的來源，並定義大腦中的「偏見」類型。因為人類的大腦有時會自我欺騙。比如，一則傳給朋友卻半天沒被回應的消息，可能會讓你在腦中編造出關於「自己不值得被愛」、「朋友對我有意見」之類的猜測，但這些猜測並非真實情況。

圖 7-2 焦慮記錄法

你之所以會這麼想，或許是因為擔心其他人對你有負面評價，或許是因為過去的某種負面體驗。但實際結果真的如你所擔心的那樣糟糕嗎？

回憶一個你曾過度擔心但最後實際上沒那麼糟的事情，你會發現：焦慮的確是因對未知、不確定性過度感到恐懼而產生的想法。

所以，現在是時候針對當下的焦慮情緒整理你的想法了。在這個整理過程中你可以為焦慮蒐集確切的「證據」，並分析自己的「偏見」類型，整理有助於你擺脫揮之不去的想法，建立看待事物的不同視角。

記錄了一段時間後，你可以對你的記錄進行統計分類，瞭解自己經常在哪種情境下感到焦慮，自己的哪種偏見思維容易導致焦慮，以及擔心的事情是否真的會發生。

最後，你可能會發現，那些曾讓你覺得「天都要塌了」的事情，結果並不如想像中那麼糟糕。很多讓你焦慮的事情，也根本沒有發生，或者隨著時間的推移被解決了，正所謂車到山前必有路，船到橋頭自然直。只要你不鑽牛角尖，在記錄焦慮的同時努力改善讓你焦慮的外界刺激和環境，你就一定能逐漸擺脫它。

為什麼看似無憂無慮的研究生，其實是一個特別容易焦慮的群體呢？我總結了四個方面的原因。

沒想清楚為什麼要念研究所

錯過職場發展期

沒有一技之長，毫無競爭力

沒有收入，時間還被占據

圖 7-3 懵、空、弱、忙

1. 懵

很多人在當年選擇讀碩士和博士時，很可能沒想清楚為什麼要讀研究所，只是為了逃避大學後直接工作的不適感，延後自己進入社會的時間，暫時躲在學校這個避風港裡而已，其中就包括我自己。也就是說，選擇繼續讀書，是因為在潛意識裡害怕面對大學畢業卻感覺什麼都沒有學到、走上進入社會要被淘汰的局面，寄希望於自己能在研究所階段的學習中獲得一點競爭力和價值提升。你很可能從未對自己就讀的領域進行深入思考和抉擇，也從未預測這個領域未來的發展前景。

2. 空

在開始讀研究所之後，你發現自己「提升價值」的希望落空了，因為「研究所階段幾乎仍然學不到什麼真東西」。甚至還可能因此錯過了寶貴的職場發展期，導致競爭力進一步被削弱，落後於同齡人。

3. 弱

也許你覺得的確學到了那麼一點東西，但世界變化太快了，你從教科書和實驗室裡面學到的那些錘煉了多年的經驗、技術可能跟不上市場了，在市場上毫無競爭力，除了這些書本知識，你感覺自己一無所長。

4. 忙

不管是否學到東西，研究生總是時間不夠用。因為沒有收入來源，時間又被各類任務占據，思維在這種情況下易受局限，人也容易變得瞻前顧後、自卑敏感、不知所措。

對當下的沒把握，對未來的不確定，讓人很難不焦慮。如果再加上你的曲折經歷，那就更容易焦慮了。我的研究所階段就很「精彩」，有很多故事。非本科的同學可能會被下文引起不適感。但重點在故事的最後，堅持看下去你一定會有所收穫，我壓箱底的暗黑回憶要分享給你了。

我的導師最喜歡讓我們用大白鼠做實驗。導師堅持要我們針對每個新合成的藥物化合物都做動物藥理試驗，這樣可以拿到相關資

料，有利於之後的研究。我大學時之所以不願意學臨床，尤其討厭外科，就是因為怕血淋淋的解剖。結果讀了研究所，每天要面對一百多隻大白鼠，完成麻醉、解剖、頸動脈插管、體外循環給藥、脫頸處死等一系列專業操作，然後拿個大麻袋，將大白鼠的屍體裝起來放在自行車後座，運到動物房火化。整個過程對我來說，就像一場酷刑，剛開始做藥理實驗的那幾天，我每天都吐得天昏地暗。

忽然有一天，導師心血來潮地對我說，豬的基因與人的基因相似度非常高，給你一個任務，想辦法取到豬血，做一個豬的血小板凝血模型，研究我們最新合成的「抗凝血多肽」的體外抗凝效果。我聽到這個任務時的感受真的無法用語言形容。這裡聲明一下，我的導師並不是在為難我，她就是這樣的性格，忽然有了想法就想叫學生去試試能不能實現。可我只跟著學長姊取過鼠血、兔血，我到哪裡去取豬血啊？！

事實證明，很多事真的是做多了就習慣了，其中曲折不在這裡展開，我們前後一共去了六次屠宰場，總算是把模型完成了。

這兩件事讓我懂了一個道理：對於自己一開始就生理性討厭和抗拒的事，不要強迫自己「慢慢適應」，你會麻木的，麻木之後的你就不是你了。

後來我發誓，絕不從事任何我不喜歡的工作，不過那種生不如死的麻木生活。我一定要找到我熱愛的事，找到讓我能終生奮鬥、毫無怨言、充滿心流體驗的工作與事業。這也是我之後幾年如一日地堅定尋找自己喜歡的事並將其發展為副業的動力。

前面分享過，從心理學角度來看，人的行動力主要來自四種動機。

1. 內在──正向的動機：你想要什麼、渴望什麼、想過怎樣的人生、
   成為什麼樣的人。
2. 外在──正向的動機：你想被外界怎麼評價、想獲得怎樣的認可
   和成功。
3. 內在──反向的動機：你懼怕什麼、否定什麼、抗拒什麼。
4. 外在──反向的動機：你在意什麼、避免什麼。

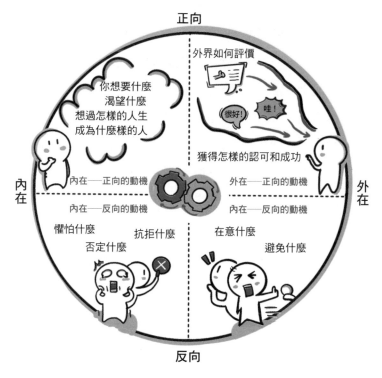

圖 7-4 行動力的四種動機

其中，內在——正向的動機是最大、最持久、最具意志力的動機。當時在讀研究所的我，完全不知道也從來沒思考過自己前兩個動機的答案是什麼，但是我知道自己的第三個動機是恐懼、否定和抗拒，這個動機促成了我在研究所階段的一系列行為。我想大多數因焦慮而行動的人都屬於此類吧。

隨著年齡的增長和社會閱歷的豐富，我們會找到並堅定自己的內在——正向動機，它到底應該是什麼？又應如何找到？正在讀這本書的你又該怎樣找到屬於自己的內在——正向動機？你有沒有深入思考過：你的動機到底是什麼？能有多強？

碩博連讀一共五年，其實從第二年開始我就非常想退學。日記裡寫滿了「心情鬱悶、做實驗不開心、我的人生就要這樣了嗎」等消極字眼。而且，碩博連讀制度是，如果你讀滿五年，那麼通過口試、發表論文後，你可以拿到博士學位，但如果你中間任何一年選擇退出，你將什麼學位都得不到。於是我退縮了。我沒有魄力退學，所以不得不硬著頭皮把接下來的三年讀完，否則，過去的兩年就都浪費了，都是沉沒成本，而當時的我真的沒有勇氣徹底丟掉這些沉沒成本從頭再來。但繼續下去，每天對我來說又都是煎熬。那時的我真的有一種叫天天不應，叫地地不靈的感覺，而且我還不能向父母訴苦。畢竟在父母眼裡，我可是在讀博士啊，而且是全公費的醫藥學博士啊，多麼榮耀！可對我來說，最棘手的問題是，該怎樣度過後面的三年。

前文提到過，焦慮記錄法可以在一定程度上減輕焦慮。雖然暫

時找不到解決方案，但我知道自己一定會想方設法地改變當下的境遇，因為那個內在——反向動機帶來的「抗拒、拒絕」的感覺太強了。所以，我繼續做焦慮記錄，觀察自己每一天的思緒和情緒。

走上讀一個我不喜歡的研究領域這條路，懵、空的狀態已經無法改變，那麼如何在有限的條件下改善自己的處境，改變在校期間弱和忙的情況呢？

停止痛苦：

我決定嘗試一種新的「活法」

　　痛則思變。面對自己因為要拿到博士學位而不得不被綁架在不喜歡的領域中讀幾年的境況，我一直在思考如何才能兩全：既能讓自己拿到學位，又能讓自己過得不那麼痛苦。在這種劣勢情境下，我思考和嘗試了很多方法來盡可能地利用我的時間和精力，盡可能地豐富我能學習、體驗的東西。

▶用兩個原則提升「價值感」

　　基於前面的痛則思變，我為自己制定了兩個原則來提升研究所生活的「價值感」。

　　原則一，在保證能完成學業、順利拿到學位的情況下，盡量減少在

學業上投入的時間與精力。

原則二，盡量增加投入在其他一切事情上的時間與精力。在沒有找到自己想要學習或為之奮鬥的方向之前，做任何我想做的事，比如運動、學英語、考證照、寫寫畫畫、讀學業外的各種書等。用這種方式小步試錯，尋找方向，同時讓自己覺得「不再浪費時間，更有掌控感」。

圖 7-5 兩個原則提升研究所生活的「價值感」

同時，在這兩個原則下我相應地改變了自己做事的策略。

在第一個原則下，面對自己不得不做的學業任務時，盡量讓自己不是帶著抗拒、拖延的心態去做事，而是有意識地從日常學習中總結、優化自己做事的方法和思考方式，包括對做實驗的一些流程的優化和提升。我並不喜歡這個專業領域，但可以在學習相關知識

的過程中訓練自己的思考方式和行為模式，訓練「動腦筋想辦法」、「跳出盒子來思考」的能力。同時，做這些優化和深入思考，可以為我省出時間做其他更喜歡的事。

在第二個原則下，我開始嘗試各種可能的方向，小步試錯，尋找自己的興趣。比如我研究過一段時間的中醫（我爺爺是老中醫，耳濡目染了解過一些相關知識，或許我也可以發展中醫事業），還去考了執業藥師（也許畢業後我可以找個藥局從事專業服務工作？總之不想待在實驗室），想去考個營養師證書（比如做個人營養師），考英語類證書，讀一些心理學的科普讀物，健身等等。

總之，當時的我有一些急病亂投醫。但是這些嘗試讓我有很大收穫，我發現雖然這些事情不能解決我「畢業後到底做什麼才能養活自己」的問題，但是也有個好處——讓我開始「行動」。我學了應用心理學後才知道，行動是對抗焦慮的良藥。找點事做，不要坐在那裡「冥思空想」，就可以緩解焦慮。

這些行動企圖解決「弱」的問題，雖然短期內其實並沒有真正解決問題，但是不斷花時間和精力嘗試與思考的過程，確實讓我離自己不想要的東西越來越遠，離我模糊的理想和夢想越來越近。

此外，「忙」的問題也需要解決。人在任何階段都是如此，光忙碌沒有經濟能力彷彿就沒有底氣，經濟基礎始終決定你的自信心。所以我決定做點事情賺錢。

分析整理了一番後，我發現雖然自己沒什麼特長，但英文還可以，於是就厚著臉皮找我那些已經大學畢業、在專利局或企業內工

作的同學們，問他們能不能介紹一點翻譯筆譯的工作給我。最後我還真的找到了，都是藥品或醫療器械的註冊文件，平均翻譯費是1～2萬元。這份工作其實很辛苦，而且很廉價。但這份工作讓當時的我如同旱荒遇甘霖，它既能訓練翻譯能力又能賺錢，還能減輕我的焦慮和無價值感，於是我很認真地做了起來。從博士一年級開始，我透過這份筆譯工作幾乎每3～4個月就有近3萬元的收入。那時導師每個月才給我們2000元，所以我簡直成了實驗室裡的小富婆，有空就帶學弟妹們出去吃飯，那感覺真是棒極了！

開始賺錢之後，我認為我的焦慮感顯著降低了。「大不了畢業了去做筆譯啊！」我在心裡經常這麼安慰自己。如我前文中提到的，我覺得自己有了「保底」的職業技能。

所以，我強烈建議你在大學或研究所階段做點能賺錢的事情，任何事都可以，做翻譯，或者做點網路上的副業，線上教育副業，參與學習社群等等，什麼都可以，可以體驗一次你從來沒體驗過的工作，做個肯動腦筋的臨時工作者，體驗2個月，你說不定會有不一樣的收穫。總之，嘗試任何可能的事情，打開思路去找點方法賺錢，並在這個過程中積極思考，解決自身的一兩個現實問題。

研究生們的焦慮也有很多來自「高不成低不就」的心態，如果你能打破這個束縛，多嘗試看似不是機會的機會，人生說不定會大不一樣。

直到畢業，我都持續使用「焦慮記錄法＋專業內的事情盡量優化流程減少精力投入＋專業外小步試錯尋找興趣＋兼職翻譯賺錢」

這四個動作。

　　這種堅持讓我的焦慮及時減輕，因為有了一點錢，我的內心也有了一絲安全感。所以博士後期的那兩年多還算愉快，雖然一直沒有找到我特別喜歡、想奮鬥終生且能給我帶來價值的興趣方向，但是我覺得自己沒有白白浪費時間，而且順利通過口試拿到了博士學位，並訓練了自己博士生的科研思維，有了讓自己欣慰的收穫。

　　經過不斷地自我調節並嘗試研究所的「新活法」，我平穩度過了上學期間的焦慮期，還充分利用時間找到了自己的一些「價值感」。

自我懷疑和碾碎重來：

如何把握機會切入職場

　　每個人發展到任何階段都不是一蹴而就的，大家看到的今天的我所呈現的樣子，與過往長久的、方向正確的累積是分不開的。找到正確的方向、使用正確的方法、持續不斷地成長，才是關鍵。學習敏銳度讓我可以適應任何環境、學到任何東西、成為任何我想成為的人。讓我解決問題的能力越來越強，感覺自己在人生道路上所向披靡。如果人腦是個電腦，這套能力就能讓我不斷地為自己裝上新的程式碼，不斷地反覆調整進化。

▶ 破除自我否定、找到策略

　　臨近畢業時焦慮感又捲土重來：找工作迫在眉睫，很可能「畢

業即失業」。該用什麼策略找工作呢？該找什麼樣的工作？找工作的過程中有哪些陷阱要避免，又有哪些經驗可以借鑒？

因為我不喜歡自己的本科系，所以並不打算找與藥學相關的工作。當時臨近畢業，除了準備口試，我一直在思考以下幾個問題。

1. 我只知道自己不喜歡現在的科系，那我到底喜歡什麼？

2. 我未來應該從事什麼樣的工作？

3. 我有什麼特長？

4. 我能適應什麼環境？

5. 我可能擁有哪些天賦？

我可能可以快速學會哪些技能？

很遺憾，當時的我對這些問題都沒有清晰、堅定的答案。

但我明確知道要找一份自己有熱情去做的工作，不想做研究，所以婉拒了導師的留校邀請。

我當時的做法是：先找段時間安靜地坐下來，整理分析自己的能力及可能從事的行業。

1. 在本科系領域內與科研相關的企業中做藥品研發。

2. 運用英語翻譯能力（筆譯），先去做兼職翻譯。

3. 考公務員去藥監局，從事幾十年如一日的文案工作，雖然穩定但薪資不高。

4. 去國家藥檢所、藥物所等機構，日常工作好像和在學校時差不多，主要是做實驗、做研究。

5. 像我的學長姊們一樣出國留學，但要繼續做研究嗎？

思來想去我也沒有好的解決方案。我知道很多研究生都有類似的困惑。所以我當時那些打開思路的做法對你來說可能同樣有用。

第一，先儘快拿個錄用通知書（offer）給自己安全感

我在人力銀行網站投遞履歷，然後有了面試機會就把握住，先拿了一個與藥學研發相關的 offer（拿這個 offer 比較簡單，畢竟我念到博士，成績也不差）。後來我雖然自己沒去，但推薦了我的一個博士班同學去了，他也很優秀，而且很專業，所以用人單位很滿意。當年我是小白，那個年代的履歷也和論文一樣，長篇累牘，但是我在履歷的封面上寫了這樣一段話。

用數字讓你瞭解我：

藥物化學碩博連讀期間，一直勤奮努力，參與了 XX 個項目，獨立領導了 XX 個項目，做了 XX 個試驗，還做了 XX 萬字的英文筆譯等等。

在封面一目了然地表現自己的「經驗」和「勝任力」。

現在當然不能用這種履歷展示方法了，網路上也有很多漂亮的履歷範本。

但是，怎樣突出你自己的優勢，怎樣根據用人單位的需求調整、優化履歷，這些都是你需要思考和行動的。我在第二章第三節中與大家介紹過如何梳理個人才能，其中的思路也可以用於履歷準備。

第二，尋找其他一切可能感興趣的職位

各種製藥公司的徵才資訊，從本土企業到外商企業，從醫學職位到業務職位，我一個都沒放過，只要是相關行業的職位我幾乎都投了履歷，目的是獲得盡可能多的面試機會。即使我不瞭解對方這個職位的具體要求，也想透過面試的過程更加瞭解行業和企業的狀況。畢竟，知道面試時聊什麼、怎麼聊，也能讓自己增長經驗和加分。

當然，我也栽了不少跟頭。

之後這些年我開始給別人做生涯規劃諮詢，我的這套「面試突破」模式也愈發成熟。由此總結的經驗也在前文中與大家詳細分享過。

第三，特別留意大型企業尤其是 500 強企業的校園徵才

為什麼要留意校園徵才呢？因為只有校園徵才才是真正向學生進行的徵才，他們知道你是新人，招你就是想要培養你。所以你要充分利用企業的這種期望值和心態，沒有經驗沒關係，多展現自己的學習能力和潛力就好。

先盡快拿個 offer　　尋找其他一切可能　　留意大型企業尤其
給自己安全感　　　感興趣的職位　　　是 500 強企業的校園徵才

圖 7-6 三個方法解決臨畢業期的困惑

▶ 找到自己想要的再實踐策略

我參加了好幾場校園徵才，但是直到最後一場，我才有了機會。為什麼呢？因為在前面幾場活動中我都表現得縮手縮腳，錯過了機會。雖然在校期間很活躍，參加了各種活動，也有各種小的實習經歷，但是我一直對自己缺乏信心，也不敢表現自己。所以在前面幾場校園徵才中，我都是只會聽和看的透明人，在徵才現場投的履歷也石沉大海。我該怎麼抓住機會突出自己呢？

這裡介紹一個可供實踐的方法，那就是「現場問問題」。不要小看這個方法，它的好處很多。

1. 促進思考。

當眾提問總不能問個太簡單的問題，所以你會提前認真思考。

2. 有機會展現自己。

提問之前你可以做一個簡短的自我介紹，這是個讓用人單位關注和認識你的好機會，可以讓對方加深對你的印象。

3. 對方對問題的解答很可能會拓寬你的思路。

不管你問什麼問題，公司招聘人員的經驗都能讓其把你的問題進階到一定高度，或者廣泛地回答，因為 HR 要面對全場的求職者，所以解讀、昇華你的問題也是在展示企業的實力。這樣的回答通常會給你很大啟發。

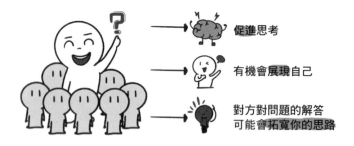

促進思考

有機會展現自己

對方對問題的解答
可能會拓寬你的思路

圖 7-7 現場提問的三個好處

　　那當年的我參加了哪些校園徵才，又問了什麼問題呢？我參加了某公司在北大針對研究生，尤其是針對 MBA 專業的校園徵才。其實這場活動和我的所學一點關係都沒有，現在回想起來，我一個藥學博士去招聘高級管理人才的地方找工作，我也挺佩服自己當年的勇氣的。該公司的人事總監在場上講各種職位需求與公司策略時，我越聽越自卑，環顧四周，都是閃閃發光的管理型人才，我卻一無所長。

　　但是這已經是我參加的第四場校園徵才，再不把握機會肯定會後悔。於是我強壓著心跳，還是舉手站了起來。我說我是一名藥學專業的博士，今天很榮幸能參加貴公司針對 MBA 的專場招聘，單從您剛才的分享中也學到了很多，對強生更添好感。我有個小問題想請教您：像我這種多年科研博士出身的人，如果想去貴公司這樣的世界 500 強企業發展，可能有什麼樣的職位機會呢？假如有意向去業務或管理職位，貴公司會培養嗎？

那個總監人很好，她說，你是博士啊，那是高階人才了，做業務有點可惜，我們近期主要是招聘業務和管理的員工，應該不會專門針對醫學和研發職位進行招聘了，而且本公司的純研發職位也多在國外，不過產品上市後本公司的醫學部倒是有國內的機會，如果你感興趣可以在會後投遞履歷。

　　我非常緊張地聽完了回答，坐下來之後情緒久久不能平復。我就記得一個重點，會後可以把履歷遞過去。於是會議結束後，我就盯著講話那個總監，把我的履歷單獨遞給了她。

　　後面的故事你們也許猜到了，我獲得了醫學部的面試機會，然後經過三輪面試，順利拿到了 offer。HR 給了我兩個選擇：在醫學部做藥品註冊，或者做臨床監察，兩個職位的工作待遇與其他本科或研究所畢業的人差不多，因為畢竟我讀博士期間所學習的內容並不能用在這其中任何一份工作上，所以對此我依然選擇接受。

　　我最後選擇做產品上市後的臨床監查員，因為想去體驗在企業裡做醫學專案的感覺。我當時的想法是以後也許我可以去做一個專案經理，而不是在註冊部天天對著文獻查閱和整理資料。我相信憑自己優秀的學習能力，能迅速增長臨床專業知識，並勝任這份工作。

　　就這樣，我成為這家公司的一員，並且一做就是 7 年。7 年中我在醫學部 5 年，市場業務部 2 年。在醫學部的 5 年裡我換了 4 個不同的職位，有一次轉調，兩次晉升。後來轉到市場部，終於感覺自己找到了一部分熱愛所在。同時，我不斷地反思自己的人生追求，反思自己的「幸福點」來自哪些成就感，用各種各樣的記錄、評

分、體驗、覆盤的方法，幫助自己找人生的「身分」，提升自己的幸福敏銳度。

　　圖 7-8 的人生六大價值模組是我多年後才意識到要讓自己去量化思考的部分，而我真心希望讀過這本書的你能從今天開始，從你剛出校門、初入職場時就開始，思考在這六個模組中，你到底想要什麼、具體應該怎樣做。這是一個透過尋找對價值模組的追求進而找到具體行動方案的工具，具體用法會在下一節中與大家詳細介紹。

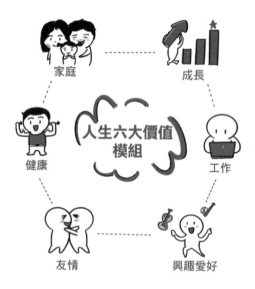

圖 7-8 人生六大價值模組

　　不管怎樣，我一路都在學習的道路上拋棄舊我、持續進化。現在回頭去看，我真的可以欣慰地說，就是這種持續學習的能力、持續在有限條件下挖掘無限可能的能力，成就了今天的我。

幸福敏銳度：

人生的價值承諾策略

很多時候，內心有追求，你才能真正地提綱挈領，不陷入混沌狀態。

幸福敏銳度是學習敏銳度中極為重要的指標，放在最後一章講，是因為它最難也最深刻。擁有較高幸福敏銳度的人通常擁有清晰的人生願景、明確的身分追求和個人主見，並且不受環境變化所限，能運用這些能力讓自己的人生一直處於穩步上升狀態。

▶ 用價值追求為自己的人生提綱挈領

大家可能都知道「降維打擊」這個詞。簡單來說，從高理解層次向低理解層次看問題，就是在「降維打擊」。因為看問題的層次

不同，所以產生的解決問題的方法也完全不一樣。如果你用低層次的視角去看某個問題，可能會感覺問題幾乎無法解決，或者解決起來要消耗大量精力。但當你站在更高的維度去看時，可能會覺得它不過是小菜一碟，甚至連問題都算不上。也就是說，高理解層次會讓人站在完全不一樣的視角看問題，產生完全不一樣的解決策略。

一個人無法擁有高階思維的原因是什麼？通常是因為其存在某種給自我設限的思維木馬。如果把人腦比喻成電腦，那麼思維木馬就是在你進行某種思考（就像電腦運行某種程式）的過程中干擾你（干擾電腦程式運轉）的病毒，它讓你無法正確地深入思考。這個木馬可能是對環境和條件的認知、對自我的認知、對他人的認知、對價值體現（賺錢）的認知等。而 NLP 是「Neuro Linguistic Programming」的縮寫，中文翻譯為「神經語言程式學」，NLP 的思維層次就是在打破自我設限的思維木馬之後形成的高級思維。比如，大家看看自己是不是也會有如下想法。

1. 你會抱怨身邊的人沒有給你支持嗎？比如，老闆不行，太古板；老公不行，不上進；團隊不行，執行力差；公司付不起高薪資，找不來好員工……

2. 你打算讓自己再忙碌一些，替自己安排更多事情，使用各種工具讓自己更周全地把所有事都處理完嗎？

3. 你打算學習一些關於管理、技能的提升課程，讓自己的統籌能力更強，處理多項任務時更有效率、精力更充沛嗎？

4. 你會靜下心來思考，自己到底相信什麼，想要什麼嗎？

5. 你會忽然覺得應該沉靜幾天，讓自己思考人生的意義嗎？

6. 可能你已經完全超脫了世俗關於成敗的定義，已經有了更深入、更篤定的人生追求。

實際上，以上的 6 種想法，代表了 6 種 NLP 的思維層次。NLP 由理查‧班德勒（Richard Baridler）和約翰‧葛瑞德（John Grinder）在 1976 年創辦，許多名人都接受過 NLP 培訓，比如微軟創始人比爾‧蓋茲、大導演史蒂芬‧史匹柏等。有些世界 500 強企業也會對員工進行 NLP 培訓。理解層次是 NLP 的核心概念之一，代表你對在這個世界上每一件與我們有關係的事件所賦予的意義。由於每個人對事件賦予的意義不同，因此我們的理解也會不一樣，思考問題時的角度、廣度、深度都不一樣，解決問題的辦法當然也會不同。

每個人的人生中都會遇到許多事情，我們不斷處理事情，也容易因為忙於應付而變得被動和迷惘，漸漸忘記思考什麼才是重要的，分不清哪些事情是短暫、微不足道的，哪些是對人生有深遠影響的。如果我們能夠把大部分時間和精力放在對自己真正有深遠意義的事情上並持續累積，就能真正獲得自己想要的價值感。

「NLP 理解層次」可以分成 6 個不同的層次，再細分為低 3 層和高 3 層。

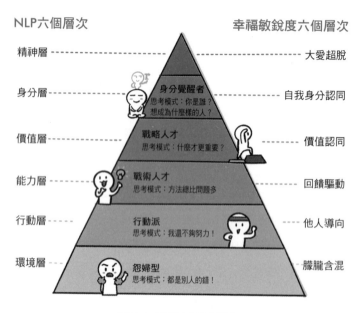

圖 7-9 六種 NLP 理解層次

　　6 個層次從下往上依次是：環境層、行動層、能力層、價值層、身分層、精神層，分別對應幸福敏銳度的朦朧含混、他人導向、回饋驅動、價值認同、自我身分認同、大愛超脫這 6 個層次。6 個層次中的人分別對應 6 種做法。

　　使用第 1 種做法的人被稱為怨婦型，所處的理解層次為環境層（除了自己以外的一切都是環境）。典型思考模式為：都是別人的錯！而他們在尋找解決辦法時，也會從改變環境的角度進行思考。所以通常只會怨天尤人，大家一定都不願意做這樣的人。

　　使用第 2 種做法的人被稱為行動派，所處的理解層次為行動層。

典型思考模式為：我還不夠努力！當問題發生時，處於這個理解層次的人首先會把問題的產生原因歸結為「我還不夠努力」。所以他們會持續不斷地努力。他們雖然很努力，但是經常忽略具有方向性的關鍵問題。並不是只要努力就能解決所有問題，也不是越努力的人，獲得的成就越大。

使用第 3 種做法的人被稱為戰術人才，所處的理解層次為能力層。典型思考模式為：方法總比問題多！比如，在職場上人們對能力的普通認識通常是能用更簡單、更有效的方式解決同樣的問題，有選擇便是有能力。

如果你能既有「行為層」的勤奮和努力，又有「能力層」的方法和套路，通常就能成為公司的中高層了。普通的問題已經難不倒你，你總能找到辦法解決它們。那麼，什麼狀況是你有「能力」也應對不了的呢？就是你選擇錯了問題。也就是說，你在著手解決問題之前，要先弄清楚，你要解決的問題到底是什麼？

使用第 4 種做法的人被稱為戰略人才，所處的理解層次為價值層（信念／價值觀／原則）。典型思考模式為：什麼才更重要？如果說「能力層」是做論述題的能力，那麼「價值層」就是做選擇題的能力，處於價值層的人，懂得什麼可以做，什麼不可以做；什麼更重要，什麼可以忽略。

信念是指你相信什麼是對的，價值觀是指你認為哪個更重要，原則是指知行合一的為人處世的準則。「能力層」是讓你把事情做對，而「價值層」則是幫你選擇做對的事情。

使用第 5 種做法的人被稱為身分覺醒者，所處的理解層次為身分層。典型思考模式為：因為我是……所以我會……處於這個層次的人會思考「你是誰？你想成為一個怎麼樣的人」這個終極哲學問題。

身分層之所以處於那麼高的位置，是因為處於不同的身分層次，就意味著擁有不同的信念和價值，就決定了你當下的每次選擇，決定了你未來的人生方向。你之所以有時會不知道該如何選擇，除了是因為不清楚某些概念之外，最重要的是因為你不知道自己想成為一個怎樣的人。如果你不知道你想成為誰，就會不知道自己要什麼；你不知道自己想要什麼，也無法做出選擇，你就什麼也得不到。這就是幸福敏銳度的高明之處，明確了解自己的追求，你才會有真正的幸福。大家可以反思自己的行為模式，看自己處於哪一層。

至於第 6 種層次，屬於超脫的精神領袖等級，達到那種層次需要特別的機緣，普通人可遇不可求，在此我們就不贅述了。但是身為普羅大眾的我們，大部分是可以修煉至前 5 個層次的。

現實中絕大多數人都處於能力層或價值層，如前文所說，處於能力層就意味著已經可以解決現實中的很多問題，已經可以在職場中如魚得水。

而從 NLP 的理解層次這個角度來說，如果你對自己的身分和信念有了篤定的認知，清楚自己的取捨，那你面對事情時的解決方法就會與處於環境層、行為層和能力層時大不一樣。追求的層次越

高，就越知道自己想要什麼，也就越幸福。有了幸福敏銳度的能力作為基礎，你的人生會變得更加從容。

那麼，到底怎麼做才能將價值追求與行為聯繫起來呢？

▶ 價值承諾行為策略

通常，人們在進行一系列選擇的過程中，會慢慢清楚自己的價值追求，然後再用這個價值追求指導下一階段的行動，這就形成了自己的行為模式。

這個過程與心理學領域的價值承諾行為（ACT）策略吻合，這個概念源於心理學領域的接納與承諾療法，是心理學中新一代的認知行為療法。透過正念、接納、認知解離、以自我為背景、明確價值和承諾行動等過程，幫助自己改善行動，投入有價值、充實、有意義的人生。ACT 三個字母各自的含義如下：

A= 接納你的想法和感受並且活在當下（Accept your thoughts and feelings，and be present.）

C= 選擇價值方向（Choose a valued direction.）

T= 採取行動（Take action.）

可以用一句話來理解 ACT：在價值觀的指導下接納當下，並採取具有建設性的行為。其核心是行為療法，有如下兩大特點。

1. ACT 中所有的行為都以價值為導向。

比如，在生活中你追求什麼？贊成什麼？在內心深處你覺得

真正重要的是什麼？你可以用場景引導自己思考遠期目標，比如五年後，你想在自己的生日宴會上，聽到別人怎樣評價你？或者思考極端一點的場景，假如人生到了終點，在你的葬禮上，你想讓別人記住你的什麼？總之，ACT 讓你在更長遠、更宏大的藍圖下，冷靜地思考對你而言真正重要的事情：你內心深處渴望成為一個怎樣的人，以及活在這世界上的時間中你想去做什麼？

以我為例，我希望成為一個終身成長、有影響力的人，持續用我的思考和行動帶動更多的人學習和終身成長，在這個過程中我也會收穫成長和快樂。

2. 利用這些價值來引導、促進和激勵自己，使自己在行為方面有所轉變，並且 ACT 中所有的行動都是「積極」的行動，這些行動包括：

▶ 徹底地察覺。

▶ 有意識地採取行動。

▶ 以開放的姿態接納所有體驗。

▶ 全身心地投入到你正在做的每一件事中。

比如我在自己的影響力價值觀的指導下，願意花時間和精力在各平臺分享，持續為之付出。

如果大家對 ACT 感興趣，可以去閱讀史蒂芬·海斯柏（Steven Hayes）的著作《Learning ACT》。在簡化後，ACT 可以分成以下三個部分。

1. 正念與接納過程

無條件接納，重塑認知，關注當下，觀察自我，減少主觀控制，減少主觀評判，削弱語言統治，減少經驗性逃避，更多地生活在當下。

2. 選擇價值觀的過程

使行為更具有長遠性和指導性。

3. 承諾與行為改變過程

明確價值觀之後，利用承諾行為來 明自己調動和彙聚能量，不斷朝目標邁進，過上自己想要的、有價值的、有意義的生活。

很多人在人生、職場發展和學習成長過程中的一個困惑就是自己做的事情似乎總「不是自己想要的」，覺得疲於應付卻又無法擺脫，總陷入一種糾結的狀態。瞭解了 NLP 理解層次和 ACT 策略，我們就可以重新思考怎樣從價值追求和目標意義感入手，找到指引，以最符合自己真正期望的方式分配精力，真正做到知行合一，在正確的方向上持續累積複利。

如果能堅持尋找人生價值追求，在每個追求下設定目標，並將每日行為與價值追求建立連接，你的人生追求和路徑就會越來越清晰，滿足感和幸福度也會越來越高。

優講堂 46

職場複利學

500 強企業主管的職場必備七大敏銳度，沒有前輩教也能快速成長

作　　者——瑞米
副 主 編——朱晏瑭
封面設計——Ivy_design
內文設計——林曉涵
校　　對——朱晏瑭
行銷企劃——謝儀方

第五編輯部總監——梁芳春

董 事 長——趙政岷
出 版 者——時報文化出版企業股份有限公司
　　　　　108019 臺北市和平西路 3 段 240 號
　　　　　發 行 專 線—(02)23066842
　　　　　讀者服務專線—0800-231705、(02)2304-7103
　　　　　讀者服務傳真—(02)2304-6858
　　　　　郵　　　撥—19344724 時報文化出版公司
　　　　　信　　　箱—10899 臺北華江橋郵局第 99 信箱
時 報 悅 讀 網——www.readingtimes.com.tw
電子郵件信箱——yoho@readingtimes.com.tw

法律顧問——理律法律事務所 陳長文律師、李念祖律師
印　　刷——勁達印刷有限公司
初版一刷——2023 年 4 月 14 日
初版二刷——2023 年 5 月 15 日

定　　價——新臺幣 380 元
（缺頁或破損的書，請寄回更換）

時報文化出版公司成立於 1975 年，並於 1999 年股票上櫃
公開發行，於 2008 年脫離中時集團非屬旺中，以「尊重智
慧與創意的文化事業」為信念。

ISBN 978-626-353-678-4　Printed in Taiwan

職場複利學：500 強企業總監的職場必備七大
敏銳度，沒有前輩教也能快速成長/瑞米作. -- 初
版. -- 臺北市：時報文化出版企業股份有限公司,
2023.04
　　面；　公分
ISBN 978-626-353-678-4(平裝)

1.CST: 職場成功法 2.CST: 自我實現

494.35　　　　　　　　　　　　　112004170